冰冻圈科学丛书 / 总主编：秦大河；副总主编：姚檀栋　丁永建　任贾文

冰冻圈人文社会学

效存德　王晓明 等　著

科学出版社

北　京

内 容 简 介

本书主要阐述了冰冻圈及其影响区的人文社会特征，从冰冻圈功能和服务、冰冻圈功能与服务区划、冰冻圈服务价值、冰冻圈影响区社会生态恢复力、冰冻圈地缘政治等方面阐述了冰冻圈与人类圈的关系。

本书适合地理学、气候变化科学、大气学、海洋学、水文学、社会学等学科的院校师生，以及与冰冻圈相关的部门决策者阅读和参考。

审图号：GS（2020）334 号

图书在版编目（CIP）数据

冰冻圈人文社会学/效存德等著. —北京：科学出版社，2021.3
（冰冻圈科学丛书 / 秦大河总主编）
ISBN 978-7-03-068257-4

Ⅰ. ①冰… Ⅱ. ①效… Ⅲ. ①冰川学–关系–人文科学–研究 ②冰川学–关系–社会科学–研究 Ⅳ. ①P343.6 ②C49

中国版本图书馆 CIP 数据核字（2021）第 039529 号

责任编辑：杨帅英　赵　晶 / 责任校对：何艳萍
责任印制：吴兆东 / 封面设计：图阅社

科 学 出 版 社 出版
北京东黄城根北街 16 号
邮政编码：100717
http://www.sciencep.com

北京建宏印刷有限公司 印刷
科学出版社发行　各地新华书店经销
*
2021 年 3 月第 一 版　开本：787×1092　1/16
2022 年 1 月第二次印刷　印张：10 3/4
字数：255 000

定价：65.00 元
（如有印装质量问题，我社负责调换）

 # "冰冻圈科学丛书"编委会

 # 本书编写组

主　　笔：效存德

副 主 笔：王晓明

编　　委：陈德亮　杜德斌　黄金川　林浩曦

　　　　　刘世伟　刘君言　秦大河　苏　勃

　　　　　王世金　杨文龙　杨　洋　张晓鹏

丛书总序

习近平总书记提出构建人类命运共同体的重要理念，这是全球治理的中国方案，得到世界各国的积极响应。在这一理念的指引下，中国在应对气候变化、粮食安全、水资源保护等人类社会共同面临的重大命题中发挥了越来越重要的作用。在生态环境变化中，作为地球表层连续分布并具有一定厚度的负温圈层，冰冻圈成为气候系统的一个特殊圈层，涵盖冰川、积雪和冻土等地球表层的冰冻部分。冰冻圈储存着全球77%的淡水资源，是陆地上最大的淡水资源库，也被称为"地球上的固体水库"。

冰冻圈与大气圈、水圈、岩石圈及生物圈并列为气候系统的五大圈层。科学研究表明，在受气候变化影响的诸环境系统中，冰冻圈变化首当其冲，是全球变化最快速、最显著、最具指示性，也是对气候系统影响最直接、最敏感的圈层，被认为是气候系统多圈层相互作用的核心纽带和关键性因素之一。随着气候变暖，冰冻圈的变化及对海平面、气候、生态、淡水资源以及碳循环的影响，已经成为国际社会广泛关注的热点和科学研究的前沿领域。尤其是进入21世纪以来，在国际社会推动下，冰冻圈研究发展尤为迅速。2000年世界气候研究计划推出了气候与冰冻圈核心计划（WCRP-CliC）。2007年，鉴于冰冻圈科学在全球变化中的重要作用，国际大地测量和地球物理学联合会（IUGG）专门增设了国际冰冻圈科学协会，这是其成立80多年来史无前例的决定。

中国的冰川是亚洲十多条大江大河的发源地，直接或间接影响下游十几个国家逾20亿人口的生计。特别是以青藏高原为主体的冰冻圈是中低纬度冰冻圈最发育的地区，是我国重要的生态安全屏障和战略资源储备基地，对我国气候、气态、水文、灾害等具有广泛影响，又被称为"亚洲水塔"和"地球第三极"。

中国政府和中国科研机构一直以来高度重视冰冻圈的研究。早在1961年，中国科学院就成立了从事冰川学观测研究的国家级野外台站——天山冰川观测试验站。1970年开始，中国科学院组织开展了我国第一次冰川资源调查，编制了《中国冰川目录》，建立了中国冰川信息系统数据库。1973年，中国科学院青藏高原第一次综合科学考察队成立，拉开了对青藏高原进行大规模综合科学考察的序幕。这是人类历史上第一次全面地、系统地对青藏高原的科学考察。2007年3月，我国成立了冰冻圈科学国家重点实验室，其是国际上第一个以冰冻圈科学命名的研究机构。2017年8月，时隔四十余年，中国科学院启动了第二次青藏高原综合科学考察研究，习近平总书记专门致贺信勉励科学考察研究队。此后，中国科学院还启动了"第三极"国际大科学计划，支持全球科学家共同研究好、守护好世界上最后一方净土。

当前，冰冻圈研究主要沿着两条主线并行前进：一是深化对冰冻圈与气候系统之间相互作用的物理过程与反馈机制的理解，主要是评估和量化过去和未来气候变化对冰冻圈各分量的影响；二是以"冰冻圈科学"为核心，着力推动冰冻圈科学向体系化方向发展。以秦大河院士为首的中国科学家团队抓住了国际冰冻圈科学发展的大势，在冰冻圈科学体系化建设方面走在了国际前列，"冰冻圈科学丛书"的出版就是重要标志。这一丛书认真梳理了国内外科学发展趋势，系统总结了冰冻圈研究进展，综合分析了冰冻圈自身过程、机理及其与其他圈层相互作用关系，深入解析了冰冻圈科学内涵和外延，体系化构建了冰冻圈科学理论和方法。丛书以"冰冻圈变化—影响—适应"为主线，包括自然和人文相关领域，内容涵盖冰冻圈物理、化学、地理、气候、水文、生物和微生物、环境、第四纪、工程、灾害、人文、地缘、遥感以及行星冰冻圈等相关学科领域，是目前世界上最全面系统的冰冻圈科学丛书。这一丛书的出版，不仅凝聚着中国冰冻圈人的智慧、心血和汗水，也标志着中国科学家已经将冰冻圈科学提升到学科体系化、理论系统化、知识教材化的新高度。在丛书即将付梓之际，我为中国科学家取得的这一系统性成果感到由衷的高兴！衷心期待以丛书出版为契机，推动冰冻圈研究持续深化、产出更多重要成果，为保护人类共同的家园——地球做出更大贡献。

白春礼院士

中国科学院院长

"一带一路"国际科学组织联盟主席

2019 年 10 月于北京

丛书自序

虽然科研界之前已经有了一些调查和研究，但系统和有组织地对冰川、冻土、积雪等中国冰冻圈主要组成要素的调查和研究是从 20 世纪 50 年代国家大规模经济建设时期开始的。为满足国家经济社会发展建设的需求，1958 年中国科学院组织了祁连山现代冰川考察，初衷是向祁连山索要冰雪融水资源，满足河西走廊农业灌溉的要求。之后，青藏公路如何安全通过高原的多年冻土区，如何应对天山山区公路的冬春季节积雪、雪崩和吹雪造成的灾害，等等，一系列亟待解决的冰冻圈科技问题摆在了中国建设者的面前。来自四面八方的年轻科学家齐聚在皋兰山下、黄河之畔的兰州，忘我地投身于研究，却发现大家对冰川、冻土、积雪组成的冰冷世界知之不多，认识不够。中国冰冻圈科学研究就是在这样的背景下，踏上了它六十余载的艰辛求索之路！

进入 20 世纪 70 年代末期，我国冰冻圈研究在观测试验、形成演化、分区分类、空间分布等方面取得显著进步，积累了大量科学数据，科学认知大大提高。20 世纪 80 年代以后，随着中国的改革开放，科学研究重新得到重视，冰川、冻土、积雪研究也驶入发展的快车道，针对冰冻圈组成要素形成演化的过程、机理研究，基于小流域的观测试验及理论等取得重要进展，研究区域上也从中国西部扩展到南极和北极地区，同时实验室建设、遥感技术应用等方法和手段也有了长足发展，中国的冰冻圈研究实现了与国际接轨，研究工作进入平稳、快速的发展阶段。

21 世纪以来，随着全球气候变暖进一步显现，冰冻圈研究受到科学界和社会的高度关注，同时，冰冻圈变化及其带来的一系列科技和经济社会问题也引起了人们广泛注意。在深化对冰冻圈自身机理、过程认识的同时，人们更加关注冰冻圈与气候系统其他圈层之间的相互作用及其效应。在研究冰冻圈与气候相互作用的同时，联系可持续发展，在冰冻圈变化与生物多样性、海洋、土地、淡水资源、极端事件、基础设施、大型工程、城市、文化旅游乃至地缘政治等关键问题上展开研究，拉开了建设冰冻圈科学学科体系的帷幕。

冰冻圈的概念是 20 世纪 70 年代提出的，科学家们从气候系统的视角，认识到冰冻圈对全球变化的特殊作用。但真正将冰冻圈提升到国际科学视野始于 2000 年启动的世界气候研究计划-气候与冰冻圈核心计划（WCRP-CliC），该计划将冰川（含山地冰川、南极冰盖、格陵兰冰盖和其他小冰帽）、积雪、冻土（含多年冻土和季节冻土），以及海冰、冰架、冰山、海底多年冻土和大气圈中冻结状的水体视为一个整体，即冰冻圈，首次将冰冻圈列为组成气候系统的五大圈层之一，展开系统研究。2007 年 7 月，在意大利佩鲁贾举行的第 24 届国际大地测量和地球物理学联合会（IUGG）上，原来在国际水文科学协会（IAHS）下设的国际雪冰科学委员会（ICSI）被提升为国际冰冻圈科学协会（IACS），升格为一级学科。这是 IUGG 成立 80 多年来唯一的一次机构变化。"冰冻圈科学"(cryospheric science, CS)这一术语始见于国际计划。

在 IACS 成立之前，国际社会还在探讨冰冻圈科学未来方向之际，中国科学院于2007 年 3 月在兰州成立了世界上第一个以"冰冻圈科学"命名的"冰冻圈科学国家重点实验室"，同年 7 月又启动了国家重点基础研究发展计划（973 计划）项目——"我国冰冻圈动态过程及其对气候、水文和生态的影响机理与适应对策"。中国命名"冰冻圈科学"研究实体比 IACS 早，在冰冻圈科学学科体系化方面也率先迈出了实质性步伐，又针对冰冻圈变化对气候、水文、生态和可持续发展等方面的影响及其适应展开研究，创新性地提出了冰冻圈科学的理论体系及学科构成。中国科学家不仅关注冰冻圈自身的变化，更关注这一变化产生的系列影响。2013 年启动的国家重点基础研究发展计划A 类项目（超级"973"）"冰冻圈变化及其影响"，进一步梳理国内外科学发展动态和趋势，明确了冰冻圈科学的核心脉络，即变化—影响—适应，构建了冰冻圈科学的整体框架——冰冻圈科学树。在同一时段里，中国科学家 2007 年开始构思，从 2010 年起先后组织了 60 多位专家学者，召开 8 次研讨会，于 2012 年完成出版了《英汉冰冻圈科学词汇》，2014 年出版了《冰冻圈科学辞典》，匡正了冰冻圈科学的定义、内涵和科学术语，完成了冰冻圈科学奠基性工作。2014 年冰冻圈科学学科体系化建设进入一个新阶段，2017 年出版的《冰冻圈科学概论》（其英文版将于 2021 年出版）中，进一步厘清了冰冻圈科学的概念、主导思想，学科主线。在此基础上，2018 年发表的 *Cryosphere Science: research framework and disciplinary system* 科学论文，对冰冻圈科学的概念、内涵和外延、研究框架、理论基础、学科组成及未来方向等以英文形式进行了系统阐述，中国科学家的思想正式走向国际。2018 年，由国家自然科学基金委员会和中国科学院学部联合资助的国家科学思想库——《中国学科发展战略·冰冻圈科学》出版发行，《中国冰冻圈全图》也在不久前交付出版印刷。此外，国家自然科学基金委2017 年资助的重大项目"冰冻圈服务功能与区划"在冰冻圈人文研究方面也取得显著进展，顺利通过了中期评估。

一系列的工作说明，中国科学家经过深思熟虑和深入研究，在国际上率先建立了冰冻圈科学学科体系，中国在冰冻圈科学的理论、方法和体系化方面引领着这一新兴学科的发展。

围绕学科建设，2016 年我们正式启动了"冰冻圈科学丛书"（以下简称"丛书"）的编写。根据中国学者提出的冰冻圈科学学科体系，"丛书"包括《冰冻圈物理学》《冰冻圈化学》《冰冻圈地理学》《冰冻圈气候学》《冰冻圈水文学》《冰冻圈生物学》《冰冻圈微生物学》《冰冻圈环境学》《第四纪冰冻圈》《冰冻圈工程学》《冰冻圈灾害学》《冰冻圈人文社会学》《冰冻圈遥感学》《行星冰冻圈学》《冰冻圈地缘政治学》分卷，共计 15 册。内容涉及冰冻圈自身的物理、化学过程和分布、类型、形成演化（地理、第四纪），冰冻圈多圈层相互作用（气候、水文、生物、环境），冰冻圈变化适应与可持续发展（工程、灾害、人文和地缘）等冰冻圈相关领域，以及冰冻圈科学重要的方法学——冰冻圈遥感学，而行星冰冻圈学则是更前沿、面向未来的相关知识。"丛书"内容涵盖面之广、涉及知识面之宽、学科领域之新，均无前例可循，从学科建设的角度来看，也是开拓性、创新性的知识领域，一定有不少不足，我们热切期待读者批评指正，以便修改、补充，不断深化和完善这一新兴学科。

这套"丛书"除具备学术特色，供相关专业人士阅读参考外，还兼顾普及冰冻圈科学知识的目的。冰冻圈在自然界独具特色，引人注目。山地冰川、南极冰盖、巨大的冰山和大片的海冰，吸引着爱好者的眼球。今天，全球变暖已是不争事实，冰冻圈在全球气候变化中的作用日渐突出，大众的参与无疑会促进科学的发展，迫切需要普及冰冻圈科学知识。希望"丛书"能起到"普及冰冻圈科学知识，提高全民科学素质"的作用。

"丛书"和各分册陆续付梓之际，冰冻圈科学学科建设从无到有、从基本概念到学科体系化建设、从初步认识到深刻理解，我作为策划者、领导者和作者，感慨万分！历时十三载，"十年磨一剑"的艰辛历历在目，如今瓜熟蒂落，喜悦之情油然而生。回忆过去共同奋斗的岁月，大家为学术问题热烈讨论、激烈辩论，为提高质量提出要求，严肃气氛中的幽默调侃，紧张工作中的科学精神，取得进展后的欢声笑语……，这一幕幕工作场景，充分体现了冰冻圈人的团结、智慧和能战斗、勇战斗、会战斗的精神风貌。我作为这支队伍里的一员，倍感自豪和骄傲！在此，对参与"丛书"编写的全体同事表示诚挚感谢，对取得的成果表示热烈祝贺！

在冰冻圈科学学科建设和系列书籍编写的过程中，得到许多科学家的鼓励、支持和指导。已故前辈施雅风院士勉励年轻学者大胆创新，砥砺前进；李吉均院士、程国栋院士鼓励大家大胆设想，小心求证，踏实前行；傅伯杰院士在多种场合给予指导和支持，并对冰冻圈服务提出了前瞻性的建议；陈骏院士和中国科学院地学部常委们鼓励尽快完善冰冻圈科学理论，用英文发表出去；张人禾院士建议在高校开设课程，普及冰冻圈科学知识，并从大气、海洋、海冰等多圈层相互作用方面提出建议；孙鸿烈院士作为我国老一辈科学家，目睹和见证了中国从冰川、冻土、积雪研究发展到冰冻圈科学的整个历程。中国科学院院长白春礼院士也对冰冻圈科学给予了肯定和支持，等等。在此表示衷心感谢。

"丛书"从《冰冻圈物理学》依次到《冰冻圈地缘政治学》，每册各有两位主编，分别是任贾文和盛煜、康世昌和黄杰、刘时银和吴通华、秦大河和罗勇、丁永建和张世强、王根绪和张光涛、陈拓和张威、姚檀栋和王宁练、周尚哲和赵井东、吴青柏和李志军、温家洪和王世金、效存德和王晓明、李新和车涛、胡永云和杨军以及秦大河和杜德斌。我要特别感谢所有参加编写的专家，他们年富力强，都承担着科研、教学或生产任务，负担重、时间紧，不求报酬和好处，圆满完成了研讨和编写任务，体现了高尚的价值取向和科学精神，难能可贵，值得称道！

"丛书"在编写过程中，得到诸多兄弟单位的大力支持，宁夏沙坡头沙漠生态系统国家野外科学观测研究站、复旦大学大气科学研究院、云南大学国际河流与生态安全研究院、海南大学生态与环境学院、中国科学院东北地理与农业生态研究所、延边大学地理与海洋科学学院、华东师范大学城市与区域科学学院、中山大学大气科学学院等为"丛书"编写提供会议协助。秘书处为"丛书"出版做了大量工作，在此对先后参加秘书处工作的王文华、徐新武、王世金、王生霞、马丽娟、李传金、窦挺峰、俞杰、周蓝月表示衷心的感谢！

秦大河

中国科学院院士

冰冻圈科学国家重点实验室学术委员会主任

2019 年 10 月于北京

前　言

　　人类漫漫进步的征途中常常伴随着严寒冰霜的挑战。早期人类面对严酷的大自然办法不多，多半留下的是对冰雪的负面情感。因此，感受到冰冻圈的另一面，即带给人们恩惠，往往不是温润地区的那些发达社会，而是真正与冰雪为邻、高度依赖冰雪的地球偏远地带的人们，然而这一人群数量并不多，如长期在海冰和雪原上以捕猎为生的环北极原住民，靠融水灌溉的干旱区农牧民，对雪山怀有敬畏和崇拜之情的藏族和其他高山区居民，等等。千万年来这些人群的生活和信仰与冰冻圈息息相关。

　　随着科学的进步，我们已了解到冰冻圈是气候系统五大圈层之一，其影响不限于冰冻圈及其周边，而是全球尺度的。自然生态如此，受其影响的社会经济也如此。

　　地球承载着 70 多亿人口，自然资源和环境以空前的速度和强度被消耗和破坏。以化石燃料和不合理的土地利用为核心的人类活动，使全球气候系统朝着远离自然变率的非稳态方向发展，一个显著的特征是气候加速变暖及其导致的冰冻圈大幅消退。虽然跳开地球看，地球也许还是那个地球（所谓地球不需要被拯救），但从人类宜居和福祉看，地球已非昔日的家园。需要警惕的是，地球是否将因冰雪减少而失去气候调节功能？升温后的冻土是否仍保有巨量老碳，不因碳池崩溃而危害气候系统？失去冰雪的高山山麓地带是否还能承载众多的人口、绿洲和城市？昔日"白色世界"里的原住民是否将不得不抛弃其独有的文化和生活方式，使其凋落在人类文明的百花园中？如果将这些图景投射到未来变暖的气候情景下，人们仿佛看到地球失去冰雪的灰暗一幕。

　　当今我们正遭遇这样的窘境，开始意识到冰冻圈加速消退的危险信号。"失去时才知珍惜""冰天雪地也是金山银山"，人类终将念冰冻圈的好。面对冰冻圈如此快速的消退趋势，需要就其对社会经济的长远影响加以科学分析。

　　"冰冻圈科学丛书"之《冰冻圈人文社会学》定位于系统梳理冰冻圈与人类圈的关系。冰冻圈对人类的致利和致害作用，即服务与风险，是这种关系的正负两端。在致利方面，尤其注重冰冻圈变化情景下的惠益变化，尤其是惠益的衰变与丧失风险。至于冰冻圈灾害直接带来的社会经济影响，则由温家洪教授、王世金研究员所著的《冰冻圈灾害学》加以阐释。读者若能兼读本书和《冰冻圈灾害学》，就可以全面了解冰冻圈和人类社会的关系。需特别说明的是，本书除了阐释冰冻圈服务的概念外，还重点以危机意识预估自然资产和冰冻圈服务衰退带来的级联效应。针对冰冻圈对人类的惠益价值化，本书对参考生态系统服务价值的核算方法也给予单独描述。

本书第 1 章为绪论，概述了冰冻圈与人类社会的关系，介绍了本书的主要内容和学科性质。第 2 章阐释了冰冻圈及其影响区社会经济特征，侧重说明冰冻圈及其影响区社会形态（人口、经济、民族）及其演化，冰冻圈特色文化（历史、宗教、艺术等），冰冻圈原住民族区域自治与法律体系，以及冰冻圈要素与人文社会的互馈关系，等等。第 3 章着重介绍了冰冻圈人文社会学研究方法与工具，主要从社会调查方法，人地系统近、远程耦合，冰冻圈–社会水文耦合方法，系统动力学方法以及投入产出分析模型等方面入手，探索冰冻圈服务与人类社会相互作用的半定量和定量化方法，介绍地理区划的通用方法，从而为冰冻圈服务区划奠定基础。第 4 章系统阐述冰冻圈服务和人类社会的关系，给出了冰冻圈服务的分类体系，梳理了各类冰冻圈服务的形成过程和时空变化等，并探讨了冰冻圈服务与人类福祉之间的关系。第 5 章介绍了冰冻圈服务的区划原则和方法，根据冰冻圈服务的特殊性建立分类和相应的指标体系，针对水资源服务、生态服务、人文服务和工程服务进行冰冻圈服务的主体功能区划和综合区划；在梳理冰冻圈各类服务之间的权衡（trade-off）和协同（synergy）关系后，在不同时空尺度上表达冰冻圈服务对人类社会的影响；冰冻圈服务区划将有助于为全局、系统利用冰冻圈服务提供重要的决策依据。第 6 章主要阐述冰冻圈服务价值评估方法，基于冰冻圈服务分类体系讨论其经济价值，介绍定量评估冰冻圈供给、调节、文化、工程和支持服务价值的方法，突出冰冻圈的环境和社会经济服务价值，并对冰冻圈服务价值优化途径及其举措等方面加以讨论；介绍了如何计算冰冻圈服务价值，并辅以典型案例。第 7 章探讨了冰冻圈变化及其影响区社会–生态系统恢复力，通过识别冰冻圈变化情景下经济社会和工程适应措施，特别是基于恢复力理念找出适应路径，寻求实现可持续发展目标的调控方法；阐述系统恢复力在冰冻圈变化适应中的作用，并列举了一些冰冻圈影响区增强恢复力的研究案例。第 8 章讨论冰冻圈地缘政治，主要内容包括冰冻圈地缘价值、冰冻圈与国际航道安全、冰冻圈与国际河流水冲突、冰冻圈与边疆演化及其军事、冰冻圈相关立法等，并提出经略冰冻圈的理念。

本书是在执行国家自然科学基金面上项目（冰冻圈服务功能及其服务价值研究，41671058）、国家自然科学基金委员会重大项目（中国冰冻圈服务功能形成机理与综合区划研究，41690145）以及北京师范大学引进人才项目（冰冻圈影响区承载力和恢复力研究，12807-312232101）的基础上，边凝练成果边总结相关思考而形成的，是集体的劳动成果。第 1 章效存德主笔，王晓明和苏勃参与；第 2 章王世金、王晓明、刘世伟、林浩曦主笔，效存德、苏勃参与；第 3 章刘世伟、王世金、杨洋、林浩曦、杨文龙、张晓鹏、苏勃主笔，效存德和王晓明参与；第 4 章效存德和苏勃主笔，秦大河、王晓明参与；第 5 章黄金川、林浩曦主笔，效存德、王晓明、漆潇潇、吴青柏、王世金、杨德伟、徐凌星、苏勃参与；第 6 章王晓明、杨洋、刘世伟、刘君言主笔，效存德、苏勃参与；第7章苏勃、效存德、陈德亮主笔，秦大河、王晓明参与；第8章秦大河、杜德斌和杨文龙主笔，效存德和王晓明参与。

本书可参考的国内外文献寥寥无几，写起来有"前无古人"的困境。为此，总主编秦大河院士给我们"打气"，鼓励我们"大胆写"，并说"我给你们贡献一章——冰冻圈地缘政治，也是新事物啊"，这大大鼓舞了我们，在此对秦老师的支持表示衷心感谢！

苏勃在受邀担任本书秘书期间，在统稿、校稿、材料准备和图表修订等方面付出了大量心血；车彦军博士在制图方面提供了大力帮助；"冰冻圈科学丛书"秘书组王文华、徐新武、王世金、王生霞、马丽娟、李传金、窦挺峰、俞杰、周蓝月在专著研讨、会议组织、材料准备等方面进行了大量工作，在幕后做出了重要贡献。在本书即将付印之际，对他们的无私奉献表示衷心的感谢！

由于笔者水平所限，加之研究尚不深入，疏漏之处恐在所难免，希望读者们不吝指教，以便再版时改正。

效存德　王晓明

2019 年 5 月 30 日

目　录

丛书总序

丛书自序

前言

第 1 章　绪论	1
1.1　冰冻圈与人类社会的关系	1
1.2　冰冻圈人文社会学研究范畴	2
1.3　学科间的关联性	3
1.4　研究历史与趋势	5
思考题	6
第 2 章　冰冻圈社会经济特征	7
2.1　冰冻圈与经济社会的空间相关性	7
2.1.1　环北极地区冰冻圈与经济社会	7
2.1.2　中低纬度高山地区冰冻圈与经济社会	8
2.1.3　冰冻圈变化与经济社会系统的历史空间演替：典型案例	10
2.2　冰冻圈区人口经济时空特征	13
2.3　冰冻圈文化特征	17
2.3.1　基本生活方式	17
2.3.2　冰冻圈地区宗教信仰	17
2.3.3　冰冻圈地区民族和语言	18
2.4　冰冻圈区的法律体系及其民族自治	20
2.4.1　南北极法律体系	20
2.4.2　冰冻圈区的民族自治	21
2.4.3　国际法、区域公约与北极原住民权益	23
2.5　冰冻圈探险和科学考察	24
2.5.1　南极探险与科学考察	24

2.5.2 北极探险与科学考察 ⋯⋯⋯⋯⋯⋯⋯⋯⋯⋯⋯⋯⋯⋯⋯⋯⋯⋯⋯⋯ 25
　　2.5.3 青藏高原探险与科学考察 ⋯⋯⋯⋯⋯⋯⋯⋯⋯⋯⋯⋯⋯⋯⋯⋯⋯⋯ 26
　思考题 ⋯⋯⋯⋯⋯⋯⋯⋯⋯⋯⋯⋯⋯⋯⋯⋯⋯⋯⋯⋯⋯⋯⋯⋯⋯⋯⋯⋯⋯⋯⋯ 28

第 3 章　冰冻圈人文社会学研究方法 ⋯⋯⋯⋯⋯⋯⋯⋯⋯⋯⋯⋯⋯⋯⋯⋯⋯⋯⋯ 29
　3.1　社会调查方法 ⋯⋯⋯⋯⋯⋯⋯⋯⋯⋯⋯⋯⋯⋯⋯⋯⋯⋯⋯⋯⋯⋯⋯⋯⋯ 29
　　3.1.1 社会调查方法体系 ⋯⋯⋯⋯⋯⋯⋯⋯⋯⋯⋯⋯⋯⋯⋯⋯⋯⋯⋯⋯⋯ 29
　　3.1.2 社会调查的种类及方法 ⋯⋯⋯⋯⋯⋯⋯⋯⋯⋯⋯⋯⋯⋯⋯⋯⋯⋯⋯ 30
　　3.1.3 社会调查研究的基本程序 ⋯⋯⋯⋯⋯⋯⋯⋯⋯⋯⋯⋯⋯⋯⋯⋯⋯⋯ 31
　3.2　人地系统近、远程耦合 ⋯⋯⋯⋯⋯⋯⋯⋯⋯⋯⋯⋯⋯⋯⋯⋯⋯⋯⋯⋯⋯ 32
　3.3　冰冻圈-社会水文耦合方法 ⋯⋯⋯⋯⋯⋯⋯⋯⋯⋯⋯⋯⋯⋯⋯⋯⋯⋯⋯ 34
　　3.3.1 社会水文学 ⋯⋯⋯⋯⋯⋯⋯⋯⋯⋯⋯⋯⋯⋯⋯⋯⋯⋯⋯⋯⋯⋯⋯⋯ 34
　　3.3.2 社会水文学耦合模型 ⋯⋯⋯⋯⋯⋯⋯⋯⋯⋯⋯⋯⋯⋯⋯⋯⋯⋯⋯⋯ 35
　　3.3.3 社会水文学耦合模型在冰冻圈的应用 ⋯⋯⋯⋯⋯⋯⋯⋯⋯⋯⋯⋯ 36
　3.4　系统动力学方法 ⋯⋯⋯⋯⋯⋯⋯⋯⋯⋯⋯⋯⋯⋯⋯⋯⋯⋯⋯⋯⋯⋯⋯⋯ 37
　　3.4.1 系统动力学模型及其在冰冻圈水文中的应用 ⋯⋯⋯⋯⋯⋯⋯⋯⋯ 38
　　3.4.2 社会水文学研究中的系统动力学方法应用案例分析 ⋯⋯⋯⋯⋯⋯ 39
　3.5　投入产出分析模型 ⋯⋯⋯⋯⋯⋯⋯⋯⋯⋯⋯⋯⋯⋯⋯⋯⋯⋯⋯⋯⋯⋯⋯ 43
　3.6　区划理论与方法 ⋯⋯⋯⋯⋯⋯⋯⋯⋯⋯⋯⋯⋯⋯⋯⋯⋯⋯⋯⋯⋯⋯⋯⋯ 46
　　3.6.1 区划概述 ⋯⋯⋯⋯⋯⋯⋯⋯⋯⋯⋯⋯⋯⋯⋯⋯⋯⋯⋯⋯⋯⋯⋯⋯⋯ 46
　　3.6.2 区划原则和特点 ⋯⋯⋯⋯⋯⋯⋯⋯⋯⋯⋯⋯⋯⋯⋯⋯⋯⋯⋯⋯⋯⋯ 47
　　3.6.3 区划方法 ⋯⋯⋯⋯⋯⋯⋯⋯⋯⋯⋯⋯⋯⋯⋯⋯⋯⋯⋯⋯⋯⋯⋯⋯⋯ 48
　3.7　地缘政治的社会科学方法论 ⋯⋯⋯⋯⋯⋯⋯⋯⋯⋯⋯⋯⋯⋯⋯⋯⋯⋯⋯ 49
　　3.7.1 地缘政治的研究范式 ⋯⋯⋯⋯⋯⋯⋯⋯⋯⋯⋯⋯⋯⋯⋯⋯⋯⋯⋯⋯ 50
　　3.7.2 地缘政治的复杂特性 ⋯⋯⋯⋯⋯⋯⋯⋯⋯⋯⋯⋯⋯⋯⋯⋯⋯⋯⋯⋯ 50
　　3.7.3 因素-机制分析 ⋯⋯⋯⋯⋯⋯⋯⋯⋯⋯⋯⋯⋯⋯⋯⋯⋯⋯⋯⋯⋯⋯⋯ 51
　　3.7.4 大数据分析在地缘政治研究中的应用 ⋯⋯⋯⋯⋯⋯⋯⋯⋯⋯⋯⋯ 52
　思考题 ⋯⋯⋯⋯⋯⋯⋯⋯⋯⋯⋯⋯⋯⋯⋯⋯⋯⋯⋯⋯⋯⋯⋯⋯⋯⋯⋯⋯⋯⋯⋯ 53

第 4 章　冰冻圈功能和服务 ⋯⋯⋯⋯⋯⋯⋯⋯⋯⋯⋯⋯⋯⋯⋯⋯⋯⋯⋯⋯⋯⋯ 54
　4.1　冰冻圈功能和服务的基本概念 ⋯⋯⋯⋯⋯⋯⋯⋯⋯⋯⋯⋯⋯⋯⋯⋯⋯⋯ 54
　4.2　冰冻圈服务分类体系 ⋯⋯⋯⋯⋯⋯⋯⋯⋯⋯⋯⋯⋯⋯⋯⋯⋯⋯⋯⋯⋯⋯ 55
　　4.2.1 冰冻圈服务分类体系构建原则 ⋯⋯⋯⋯⋯⋯⋯⋯⋯⋯⋯⋯⋯⋯⋯⋯ 55
　　4.2.2 冰冻圈服务分类结果 ⋯⋯⋯⋯⋯⋯⋯⋯⋯⋯⋯⋯⋯⋯⋯⋯⋯⋯⋯⋯ 56
　4.3　冰冻圈供给服务 ⋯⋯⋯⋯⋯⋯⋯⋯⋯⋯⋯⋯⋯⋯⋯⋯⋯⋯⋯⋯⋯⋯⋯⋯ 57
　　4.3.1 淡水资源供给服务 ⋯⋯⋯⋯⋯⋯⋯⋯⋯⋯⋯⋯⋯⋯⋯⋯⋯⋯⋯⋯⋯ 57
　　4.3.2 冷能供给服务 ⋯⋯⋯⋯⋯⋯⋯⋯⋯⋯⋯⋯⋯⋯⋯⋯⋯⋯⋯⋯⋯⋯⋯ 59
　　4.3.3 冰（雪）材供给服务 ⋯⋯⋯⋯⋯⋯⋯⋯⋯⋯⋯⋯⋯⋯⋯⋯⋯⋯⋯⋯ 59

4.4　冰冻圈调节服务 ……………………………………………………59
　　4.4.1　气候调节服务 ……………………………………………………59
　　4.4.2　径流调节服务 ……………………………………………………60
　　4.4.3　生态调节服务 ……………………………………………………60
　　4.4.4　陆表侵蚀调节服务 ………………………………………………61
4.5　冰冻圈文化服务 ………………………………………………………61
　　4.5.1　美学服务 …………………………………………………………61
　　4.5.2　灵感服务 …………………………………………………………62
　　4.5.3　宗教与精神服务 …………………………………………………62
　　4.5.4　知识与教育服务 …………………………………………………63
　　4.5.5　消遣与旅游服务 …………………………………………………63
　　4.5.6　文化多样性服务 …………………………………………………64
4.6　冰冻圈承载服务 ………………………………………………………65
　　4.6.1　特殊交通通道服务 ………………………………………………65
　　4.6.2　设施承载服务 ……………………………………………………65
4.7　冰冻圈支持服务 ………………………………………………………66
　　4.7.1　生境支持服务 ……………………………………………………66
　　4.7.2　资源生成服务 ……………………………………………………67
　　4.7.3　地缘政治和军事服务 ……………………………………………68
4.8　冰冻圈服务与人类福祉之间的关系 …………………………………68
4.9　冰冻圈服务与生态系统服务 …………………………………………70
　　4.9.1　生态系统服务研究简史 …………………………………………70
　　4.9.2　冰冻圈服务与生态系统服务的关系 ……………………………71
思考题 ………………………………………………………………………72

第 5 章　冰冻圈功能与服务区划 ……………………………………………73

5.1　冰冻圈功能与服务区划的特殊性与指标体系 ………………………73
　　5.1.1　冰冻圈功能与服务分类基础 ……………………………………73
　　5.1.2　冰冻圈功能与服务区划的特殊性 ………………………………74
　　5.1.3　冰冻圈功能与服务区划的指标体系 ……………………………75
5.2　冰冻圈服务专题区划 …………………………………………………76
　　5.2.1　冰冻圈水资源服务专题区划 ……………………………………76
　　5.2.2　冰冻圈生态服务专题区划 ………………………………………78
　　5.2.3　冰冻圈人文服务专题区划 ………………………………………80
　　5.2.4　冰冻圈工程服役专题区划 ………………………………………80
5.3　冰冻圈主导服务识别与综合区划 ……………………………………82
　　5.3.1　冰冻圈服务识别与评价 …………………………………………82
　　5.3.2　冰冻圈服务的权衡与协同关系 …………………………………82

5.3.3　冰冻圈主导服务识别 ·· 84
　　　5.3.4　冰冻圈服务综合区划 ·· 85
　思考题 ·· 87

第6章　冰冻圈服务价值·· 88

　6.1　冰冻圈资源及其服务价值估算原理 ··· 88
　　　6.1.1　冰冻圈服务价值构成 ·· 88
　　　6.1.2　冰冻圈服务价值估算原理 ··· 90
　6.2　冰冻圈服务价值评估方法 ·· 92
　　　6.2.1　冰冻圈服务价值评估方法类型 ·· 92
　　　6.2.2　不同类型冰冻圈服务价值评估方法 ··································· 94
　6.3　冰冻圈服务价值评估案例 ·· 96
　　　6.3.1　积雪服务价值评估——以额尔齐斯河流域为例 ·················· 96
　　　6.3.2　北极地区陆地积雪气候调节服务价值评估 ························· 98
　6.4　服务价值极大化途径及其举措 ··· 99
　思考题 ··· 100

第7章　冰冻圈影响区社会生态恢复力 ·································· 101

　7.1　恢复力的概念和内涵 ··· 101
　　　7.1.1　恢复力概念和内涵的历史演变 ······································ 101
　　　7.1.2　恢复力与其他相关概念的关系 ······································ 102
　　　7.1.3　恢复力理念的实用性 ·· 103
　7.2　地球临界成员中的冰冻圈要素 ··· 104
　7.3　冰冻圈功能及其服务衰退的影响 ··· 106
　　　7.3.1　水资源供给 ··· 106
　　　7.3.2　气候调节 ··· 107
　　　7.3.3　水土保持 ··· 108
　　　7.3.4　社会文化 ··· 109
　　　7.3.5　功能及其服务衰退或丧失的级联效应 ······························ 110
　7.4　冰冻圈及其影响区恢复力路径 ··· 111
　　　7.4.1　实施恢复力建设的通用框架 ··· 111
　　　7.4.2　冰冻圈及其影响区恢复力基本路径 ································· 112
　7.5　北极地区恢复力评估与建设 ··· 112
　　　7.5.1　北极社会–生态系统 ··· 113
　　　7.5.2　北极系统变化的驱动因素及其影响 ································· 114
　　　7.5.3　北极典型社区恢复力评估 ··· 117
　　　7.5.4　加强北极恢复力建设 ·· 117
　7.6　高山地区恢复力建设路径：以青藏高原及其毗邻地区为例 ·········· 119

　　　7.6.1　青藏高原及其毗邻地区灾害系统 ··· 119
　　　7.6.2　高山地区灾害恢复力建设 ··· 122
　　思考题 ·· 123

第 8 章　冰冻圈地缘政治 ··· 124
　8.1　地缘政治学与冰冻圈地缘政治 ··· 124
　　　8.1.1　地缘政治学的起源与发展 ··· 124
　　　8.1.2　冰冻圈地缘政治的缘起 ·· 126
　8.2　冰冻圈的地缘价值 ·· 127
　　　8.2.1　丰富的自然资源 ·· 127
　　　8.2.2　特殊的战略区位 ·· 129
　　　8.2.3　大国战略运筹新空间 ··· 130
　8.3　冰冻圈的自然资源争夺 ··· 132
　　　8.3.1　渔业资源的争夺 ·· 132
　　　8.3.2　矿产资源的争夺 ·· 133
　　　8.3.3　油气资源的争夺 ·· 133
　8.4　冰冻圈与国际航道安全 ··· 134
　　　8.4.1　冰冻圈变化对国际航道的影响 ··· 135
　　　8.4.2　冰冻圈国际航道的大国博弈 ·· 137
　8.5　冰冻圈与国际河流水冲突 ·· 138
　　　8.5.1　冰冻圈变化对国际河流水冲突的影响 ·· 138
　　　8.5.2　冰冻圈周边国际河流水争端的主要表现 ··· 139
　　　8.5.3　中国及周边国际河流水争端 ·· 141
　8.6　冰冻圈与国家边界变迁 ··· 142
　　　8.6.1　冰冻圈上的国家边界变迁 ··· 143
　　　8.6.2　冰冻圈地区中国边疆变化 ··· 144
　　　8.6.3　冰冻圈变化与领土争端 ·· 145
　8.7　中国的冰冻圈地缘战略 ··· 145
　　思考题 ·· 146

主要参考文献 ·· 147

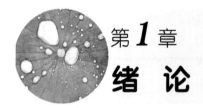

第1章
绪 论

本章概述冰冻圈与人类社会的关系，并介绍本书的学科定位、研究范畴和结构框架。

1.1 冰冻圈与人类社会的关系

冰冻圈是指地球表层连续分布并具有一定厚度的负温圈层，冰冻圈中的水体一般处于冻结状态。冰冻圈分为陆地冰冻圈[由冰川（含南极冰盖、格陵兰冰盖及冰帽）、冻土（含多年冻土、季节冻土）、积雪、河冰和湖冰]、海洋冰冻圈（含海冰、冰架、冰山和海底多年冻土）和大气冰冻圈（含对流层和平流层内的冻结状水体）三种类型。

冰冻圈与人类社会之间长期存在着紧密联系。回首人类进化、迁徙以及长期社会经济变革的漫长过程，冰冻圈都起到了重要的作用。早期人类得以远程迁徙，部分原因是冰冻圈以冰桥形式提供了交通通道服务，同时冰期期间冰冻圈还通过调节全球水量分配，使大量海水固定于陆地，海平面大幅下降，从而导致白令海陆桥和东南亚陆桥出露，进而使现代智人从非洲和欧亚大陆走出后，向美洲和大洋洲的迁徙成为可能，其促进了人类的全球传播，是现代人类起源"单中心"说的重要依据（另一重要依据是线粒体 DNA）。例如，在中亚干旱内流河流域，冰冻圈融水提供淡水资源供给服务，千万年来这一地区孕育了数支灿烂文明，并形成了交汇区。环北极因纽特人和萨米人的生存一方面因寒冷（有观点认为他们之所以没有像印第安人一样被殖民者清洗，是因为冰雪从客观上起到了保护作用），另一方面也与海豹狩猎历史密切相关，海冰提供的狩猎平台为食物来源提供了重要支撑。与冰川、雪山等相关的宗教/图腾等在高纬度和高原地区形成了独特的文化形态。又如，冰冻圈提供重要的气候调节服务，一方面营造了地球适宜的气候条件，使温带成为人类文明发达区和发展最快速的地区，另一方面气候的冷暖交替也促进了人类对大自然的适应，一定程度上促进了人类社会的进步与发展。总之，人类演化与进步都伴随着冰与雪，一路风霜，坚韧走来。

综合人类与冰雪之间的关系，从人类角度可归为利、弊两端。冰冻圈的致利作用可归纳为五大类服务，即供给（provisioning）、调节（regulation）、支持（supporting）、承载（bearing）和文化（culture）服务。冰冻圈调节全球气候形成舒适的人类家园，冰冻圈融水在特定地区形成人类赖以生存的淡水等。与致利影响相对应，冰冻圈对人类社会也有负面影响，或称为致灾影响。冰冻圈致灾影响包含了更为广泛的含义，即由包括陆地冰冻圈、海洋冰冻圈和大气冰冻圈在内的冰冻圈要素变化驱动所引起的对人类社会和经济发展的损害，如山洪、泥石流、风雪流、雪崩、冰崩、冰凌、冻胀与融沉等。

随着全球变暖，冰冻圈呈现大规模萎缩趋势。冰冻圈对人类社会的致利和致灾影响正在发生重要而深刻的变化。人文社会学能够帮助我们从社会经济的角度分析冰冻圈和人类社会的关系，客观评估冰冻圈对社会、文化和政治等方面的致利（服务）与致灾的社会经济属性，揭示和量化冰冻圈变化对人类社会的影响，为冰冻圈及其影响区的可持续发展决策提供量化依据。

1.2　冰冻圈人文社会学研究范畴

人文社会学是一个非常宽泛的概念，是人文科学和社会科学的总称。人文科学原指与人类利益有关的学问，后来其含义几经演变，指包含哲学、经济学、政治学、历史学、法学、文艺学、伦理学、语言学等的综合学科。社会科学是指以社会现象为研究对象的科学，如政治学、经济学、军事学、法学、教育学、文艺学、史学、语言学、民族学、宗教学、社会学等，其任务是研究并阐述各种社会现象及其发展规律。

冰冻圈与人类圈的关系可以用图1.1来概述。冰冻圈自身变化以及冰冻圈与其他圈层的相互耦合作用对冰冻圈产生影响，如冰冻圈的气候效应和冰冻圈的水文效应等。冰冻圈通过致利（或服务）和致灾两条路径对人类圈产生影响，前者通过人类对服务的需求以及服务对人类的效用两要素改善人类福祉的过程。人们希望通过建立冰冻圈服务最大化和最优化途径，充分而又可持续地造福人类。后者则揭示了人类对冰冻圈灾害的暴露度和脆弱性，以及由此而引起的灾害风险。人们希望建立风险最小化途径避免潜在的社会、环境和经济负面影响。无论是人类福祉改善的最大化还是风险最小化，都离不开满足人类社会可持续发展的宗旨。虽然从整体上讲，冰冻圈人文社会学

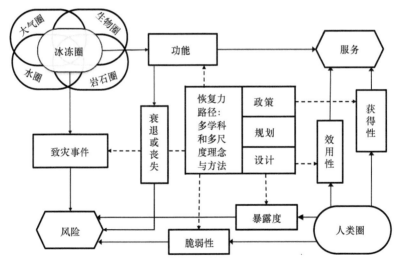

图 1.1　冰冻圈与人类圈的关系示意图

涉及研究服务和致灾两个过程对人类社会的影响，但考虑到丛书中另一册《冰冻圈灾害学》单独阐述冰冻圈致灾方面，因此《冰冻圈人文社会学》一书对此方面的内容只是"一笔带过"，着重介绍冰冻圈服务及其对人类福祉的影响。

这里所涉及的冰冻圈服务可以简单地认为是人类社会在冰冻圈自身变化及其与其他圈层相互作用过程中获取利益的过程。具体地说，就是冰冻圈和其他圈层作用过程中所产生的、致利于人类社会生存需求的过程，即供给、调节、支持、承载和文化服务。需要强调的是，如图 1.2 所示，冰冻圈服务不但直接造福于人类社会，还通过致利于水圈和生物圈等其他圈层，间接给人类社会带来惠益。冰冻圈服务过程是通过圈层之间的相互作用而进行的。冰冻圈人文社会学意在解读冰冻圈服务过程中的社会要素以及它们的经济内涵。

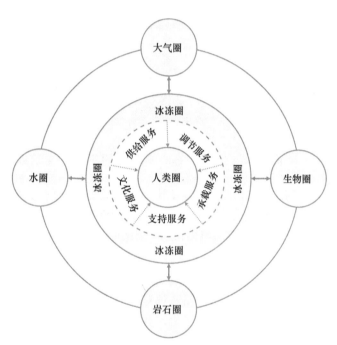

图 1.2　冰冻圈与其他圈层相互作用及冰冻圈服务的形成

1.3　学科间的关联性

冰冻圈人文社会学拟采用社会学和经济学的视角与分析手段研究冰冻圈和人类圈的关系，分析冰冻圈服务对人类福祉的影响，揭示人类社会利用冰冻圈资源和服务的有效途径。以秦大河院士为首的中国冰冻圈科学研究群体，在国际上首次提出冰冻圈科学体系和完整框架，《冰冻圈人文社会学》是在此框架下部署撰写的系列教科书中的一册。在"冰冻圈科学树"的框架下，冰冻圈人文社会学位处"顶层"（图 1.3），着重强调冰冻圈基础科学的应用，突出功能与价值、脆弱性与风险、适应性等，目的是开拓冰冻圈研究的新领域，即冰冻圈与人类社会经济发展特别是和人类福祉相关的领域。《冰冻圈人文社会学》一书的主要研究范畴即定位于冰冻圈与人类福祉的关系，是自然科学与人文社会科学的交叉部分，涵盖冰冻圈地区人文社会学的方方面面。

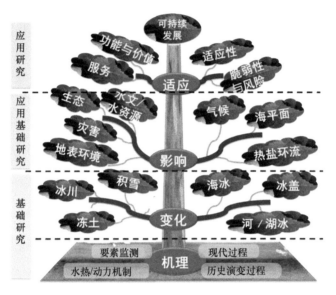

图 1.3　冰冻圈人文社会学在冰冻圈科学体系中的位置（冠顶部分）

　　冰冻圈人文社会学着重于冰冻圈服务及其对人类福祉的影响。人类福祉指人类健康、幸福并且物质上富足的生活状态，是一个多要素组成的多层次体系，并存在客观与主观两个内涵。根据《千年生态系统评估报告》，人类福祉分为生活安全保障、维持高质量生活的基本物质保障、良好的健康保障、人文社会保障以及选择与行动自由保障五个方面。由于各类冰冻圈服务都或多或少、或直接或间接、或现在或未来对满足人类的生理、精神和发展需求带来正面影响，因此冰冻圈服务对人类福祉有重要贡献。

　　冰冻圈服务是影响人类福祉的一个子集，具有生态服务的共同特征，同时对人类福祉的影响也有其独特的方面。首先，由于供给与消费之间存在空间的分离，而且从服务供给到消费需要人类的投入以及受社会制度、市场调节、技术水平、价值选择等一系列社会学和经济学过程的影响，因此人类从冰冻圈服务中获得的实际惠益与冰冻圈服务的供给之间存在着复杂的非线性关系和滞后效应。其次，服务惠益对人类福祉的贡献也存在边际递减效应，并受人类生活需求状况甚至精神状态的影响。冰冻圈服务的形成过程及其对人类福祉的影响过程异常复杂，不过其核心是人类如何从冰冻圈服务中可持续地获得效益的问题，这是冰冻圈人文社会学研究的重要内容。冰冻圈人文社会学试图以可持续发展途径来衡量冰冻圈服务对人类福祉的贡献。

　　但是，冰冻圈及其影响区具有独特的社会学属性，因此与之紧密关联的社会学分支学科也是本书涵盖的内容，包括经济学、政治学尤其是地缘政治学，也涉及民族学、宗教学、社会学等。

　　例如，冰冻圈与人类社会，尤其与近现代以来的人类社会关系方面长期忽略的一个问题是冰冻圈地缘政治研究。冰冻圈由于环境冷酷且人烟稀少，容易被人文社会研究者所忽视。其实，冰冻圈具有独特的地缘政治和经济地位，常常是国家间边界，也是地球上主要国际河流和水资源源区。在特殊年代里（如战争），冰冻圈常常是由经济利益纷争引起拉锯战的前沿，是边界大幅变迁所在。此外，北极和南极这两个地球上最大的冰冻圈是国际地缘政治的重要博弈地区，也不乏经济利益。在当代，随着北极冰冻圈快速变化，尤其北冰洋海冰的大幅退缩，北极冰冻圈的战略地位日益重要，地缘政治问题日益凸显；南极则是地球上唯一无土著居民的大陆，且因为《南极条约》冻结了某些国家的领土申索，所以南极成为另一个地缘政治博弈地区。因此，经略冰冻圈将可能成为一个非常重要的概念摆在世人面前，本书将专辟一章对其进行简要阐述。

1.4 研究历史与趋势

冰冻圈功能与服务研究经历了从零碎化到体系化、从单要素到多要素集成的过程。单要素冰冻圈服务研究最早主要集中在高山地区冰川和积雪融水与农业、水电的关系，还有冰雪旅游等。近十年来，冻土工程服役、冰冻圈气候调节、生态调节等服务也相继受到国内外学者的大力关注，甚至成为研究热点。下面主要以冰冻圈融水服务为例，对单要素、零碎化的冰冻圈服务研究历史做一概述。

冰雪融水在全球广大寒区旱区被广泛用于农业灌溉、水力发电和生活用水，与人类社会息息相关。其主要分布在高亚洲地区、欧洲阿尔卑斯山和斯堪的纳维亚山地区、北美西部山区和南美安第斯山地区。国际上相关研究最早可追溯到 20 世纪 50 年代，但大多以零碎的定性和半定量研究为主。1992 年，在巴西里约热内卢召开的联合国环境与发展大会上，高山地区冰冻圈水资源对人类社会的重要性得到各国代表的一致认可。近二三十年来，在全球气候变暖、区域人口增加和水资源短缺等资源环境问题日益突出的背景下，社会各界对冰冻圈水资源及其农业、水电等利用的重视程度不断增加。各国学者基于定位观测、卫星遥感和模型模拟等手段，围绕过去和未来冰冻圈径流对气候变化的响应、冰川径流占流域总径流量的贡献率以及冰冻圈水资源变化影响开展了大量研究。但总体上，冰冻圈径流变化与区域社会经济发展耦合研究尚不系统、深入。

中国是研究冰冻圈水资源服务最早的国家之一，早在 20 世纪 50 年代末至 60 年代，我国为解决西北水土资源不平衡的矛盾，政府和学术界提出了"开发高山冰雪水源、支援西北农业增产"的设想，中国科学院专门成立了高山冰雪利用研究队开展相关研究。这在一定程度上反映了当时人们已经意识到冰雪融水对区域社会经济发展的重要性。之后较长时间主要通过定位和半定位观测，在初步了解冰川径流形成过程的基础上，估算我国的冰川水资源量。我国在 20 世纪 90 年代开始流域尺度水资源综合研究，包括乌鲁木齐河流域、塔里木河流域和黑河流域等。我国从综合研究逐渐走向定量、半定量地探讨冰冻圈水资源与社会经济（尤其是绿洲农业）的关系，但总体来说，在定量化和模型化研究方面仍需大力加强。

系统梳理并开展冰冻圈服务研究是近十年开始的工作。2009 年美国阿拉斯加大学 Eicken Hajo 等意识到北极海冰对当地社会的重要性，将北极海冰视为一个独立系统，辨析了海冰服务的各种类型和内涵，目的是为政府、土著居民等利益相关者利用海冰服务提供科学支持。2015 年，中国学者将所有冰冻圈要素考虑在内，正式提出了冰冻圈功能和服务的概念，初步建立了冰冻圈服务分类体系和服务价值评估体系。从 2017 年开始，中国率先陆续启动国家自然科学基金面上项目"冰冻圈服务功能的厘定及其服务价值估算方法研究"和重大项目"中国冰冻圈服务功能形成过程及其综合区划研究"，以及中国科学院先导项目课题"三极冰冻圈服务功能及重大工程决策支持"等，这标志着中国冰冻圈科学发展进入以深入研究冰冻圈过程与冰冻圈服务相互关系、全面为区域可持续发展服务为重要目标的新时期。近年来，冰冻圈服务理念也受到国际社会的广泛关注。

这里也需要指出的是，2010 年以来，随着生态系统服务研究的深入，一些研究将冰冻圈作为广义生态系统的组成部分，在极地和高山地区开展了许多有关冰冻圈生态系统服务的研究。但是，这种研究大多以生态系统与人类社会之间的关联为核心，且将大多冰冻圈看成生态系统服务形成的功能基础，并没有系统考虑冰冻圈与人类社会之间的直接关联。

冰冻圈服务研究的核心是理清冰冻圈功能和服务以及与人类福祉的关系，目标是充分发挥冰冻圈服务效能，维护、改善人类福祉，促进区域可持续发展。这需要我们结合定位观测、卫星遥感、社会调查等多源数据，利用模型模拟、情景分析和参与式研究等方法，以面向决策和解决问题为导向，深入研究各类冰冻圈过程与服务之间的内在联系，以及各类服务与人类福祉之间的关系（包括权衡和协同关系）；同时，也需要关注冰冻圈功能和服务减弱、衰退，甚至趋于衰竭时给人类社会经济带来的风险，这都是未来需要不断攻克的科学问题。

思 考 题

1. 概述冰冻圈与人类圈的关系。
2. 探讨冰冻圈人文社会学的研究内容及其意义。

第2章
冰冻圈社会经济特征

本章从冰冻圈和社会系统的相关性，以及人口、经济、民族、历史、宗教等社会形态入手，对其空间分布和特征进行较为详细的论述，为研究冰冻圈服务对人文社会的影响提供基础。需要强调的是，冰冻圈对社会经济的影响不只限于冰冻圈内，它的相关过程还会辐射到冰冻圈外围地区，通常称为冰冻圈影响区。

2.1 冰冻圈与经济社会的空间相关性

冰冻圈与经济社会的空间相关性主要体现在经济活动对冰冻圈环境、资源是否具有高度依赖性方面。全球冰冻圈主要分布在高纬度的南北极地区和中低纬度的高山区，但真正的经济活动或经济体则主要集中在北半球中低纬度地带的国家或地区。南半球冰冻圈分布主要集中在南极洲和南美洲。其中，南极无原住民居住，以科考站和极地旅游人口为主。北半球受冰冻圈影响较大的国家或地区的人口和经济总量两项均超过了世界总量的40%以上。

2.1.1 环北极地区冰冻圈与经济社会

北极地区，横跨俄罗斯、加拿大、美国阿拉斯加州、冰岛、丹麦格陵兰、瑞典、芬兰、挪威，涵盖20多个民族，人口最多的民族有30多万人，人口最少的有200多人。加拿大北部主要民族为因纽特人（Inuit）、印第安人（Native American）、米底人（Medes），其土著民族人口约占加拿大总人口的 3%。美国阿拉斯加州主要为因纽特人、阿留申人（Aleutian）、印第安人，人口约占全州人口的1/7。俄罗斯西伯利亚主要为科米人（Komi）、楚科奇人（Chukchi）、萨米人（Sami）、雅库特人（Yakut）、图瓦人（Tuvas）、布里亚特人（Buryats）和哈卡斯人（Khakas）。北欧北极地区主要分布萨米人或拉普人（Lapps）。丹麦格陵兰则大多为早期欧洲移民与因纽特人混血后裔格陵兰人。

环北极高纬度地区以冰冻圈环境为主，其经济社会形态高度依赖这种极寒环境。冰冻圈原住民世代生活在冰冻圈区，由此发展成世界上很独特的冰冻圈原住民文化，独特的衣、食、住、行及由此产生的经济社会结构均与冰冻圈环境息息相关。其中，北极原住民饮食主要来自传统的狩猎、驯养动物和海洋动物，食物以肉类为主，因为肉类较高的能量和热量能够满足他们身体的需求，进而可以抵抗和适应北极的严酷冬季。因纽特人、萨米（拉普）人、楚科奇人、涅涅茨人等北极原住民以狩猎、狩渔、牧业、旅游等产业为主，他们经济结构单一，应对气候变化影响的能力较弱。冰冻圈环境的快速变化无疑加剧了不同区域社会经济系统的脆弱性。

第二次世界大战前，大部分北极地区原住民属于半游猎民族，以狩猎、放牧、捕鱼和采集等单一生产方式为主，过着相对自给自足的生活，维系社会组织的主要形式通常是血缘关系。随着现代生活方式的进入，原住民社区经济合作关系逐渐替代了传统的血缘关系。随着交通网络的改善和外来文化的冲击，不同原住民族之间已开始通婚。尽管传统生活方式在地方经济中占有的份额呈下降趋势，但其文化意义得到更多关注。

冰冻圈环境变化直接影响着经济社会的形态结构。例如，海面封冻时间变短、冰层变薄、狩猎点减少、冰上交通受阻、狩猎季节缩短，使狩猎等经济活动更加危险，极大地改变了土著居民以狩猎为主的谋生方式。以前原住民的冬季圆顶雪屋、冰屋（由冰和硬的积雪盖成）和夏季帐篷已被固定社区的永久性房屋所代替，此类房屋多用木头和金属制成。只有打猎时，他们才临时居住在雪屋（或冰屋）里面。同时，河岸冻融侵蚀、海冰快速变化以及强烈的冻融作用，导致土著居民的定居点萎缩，一些居住在海岸线附近的居民不得不放弃长期以来居住的家园，向南迁往内陆地区。特别是，年轻人在认识到父辈们依赖传统模式已不能养家糊口之后，也陆续离开自己的社区，在新的城市开始全新的生活。俄罗斯建立楚科奇民族自治区，发展渔业和养鹿业经济，建设集体农庄和国有农场，以及开展社会文化教育活动，所有的这些措施都极大地消除沿岸居住的楚科奇人和游牧的楚科奇人的地域特点，打破屯落与住地之间的封闭隔绝状态。现在不同民族之间的生活方式已无太大差异。总之，冰冻圈环境变化正在改变着原住民的经济社会结构。

2.1.2　中低纬度高山地区冰冻圈与经济社会

中低纬度高山地区经济社会受冰冻圈资源的直接影响，特别是中亚、美加西部、安第斯山干旱区经济社会发展高度依赖于高山地区的冰雪融水资源。以青藏高原及其周边地区为例，该地区是除南北极之外冰川和冻土覆盖面积最大的区域，分布着约 5 万条冰川，冬季积雪覆盖面积比例达到 21%～42%，多年冻土覆盖范围约 95000 km²，被誉为"亚洲水塔"（图 2.1）。该区域是印度河、雅鲁藏布江以及恒河等著名国际河流的发源地，为下游地区约 20 亿人的生产生活提供水资源保障，涉及国内的塔里木内陆河流域、长江流域和黄河流域，跨越国界的萨尔温江（Salween，国内河段称为怒江）流域、湄公河（Mekong River，国内河段称为澜沧江）流域、伊洛瓦底江（Irrawaddy River，国内河段称为独龙江）流域、布拉马普特拉河（Brahmaputra Rivers，国内河段称为雅鲁藏布江）流域，以及中亚和南亚的阿姆河（Amu Darya）流域、印度河（Indus）流域和恒河（Ganges River）流域。恒河和雅鲁藏布江流域冰川融水量达 30×10^9 m³，印度河流域的狮泉河和象泉河冰川径流分别占到总径流的 44.8% 和 40.4%。喜马拉雅山脉西段的奇纳布河（Chenab River）流域积雪和冰川融水量占总径流的 49%。冰冻圈的冰川、冻土和积雪在区域水资源和社会经济发展中起着举足轻重的作用。

　　自古以来，"亚洲水塔"为跨国社会经济文化交流提供了重要支撑，两千多年前的古丝绸之路的核心区域极大地依赖于冰冻圈融水。兴都库什–喜马拉雅地区也是我国西部通往中亚和西亚丝绸之路经济带的重要连接点，涉及阿富汗、巴基斯坦、不丹、中国、印度、孟加拉国、缅甸和尼泊尔八个国家，跨越天山、昆仑山、帕米尔高原、兴都库什山、喀喇昆仑山、喜马拉雅山、横断山以及环绕的中间山脉链，在国际区域经济合作中具有重要的战略地位。当今，"一带一路"倡议旨在推进国际区域间经济合作，其中"丝绸之路经济带"（简称"一带"）的核心部分仍然与冰冻圈息息相关。"一带"横跨印度、巴基斯坦、俄罗斯、蒙古国、哈萨克斯坦、塔吉克斯坦、吉尔吉斯斯坦、乌兹别克斯坦、阿富汗等多个国家，其战略地位非常重要。还有中国资源丰富、多民族聚集的陕西、甘肃、青海、宁夏、新疆、西藏等西部省（自治区）。"一带"建设对中国乃至世界经济产生重要影响。如图 2.1 所示，"一带"所跨的我国西北、中亚以及西亚中亚干旱和半干旱区的降水量不足以维持当地的雨养农业，灌溉农业用水在各流域国家占据了较大比重。就水资源而言，"一带"的国家和地区多位于内陆地区，其水资源主要来自这些地区冰冻圈固态水（积雪、冰川、冻土等）的融化，而冰冻圈极易受气候变化影响，由此而形成的水资源变化是该区域所面临的关键挑战，其不但造成自然生态脆弱，也会制约社会经济发展。

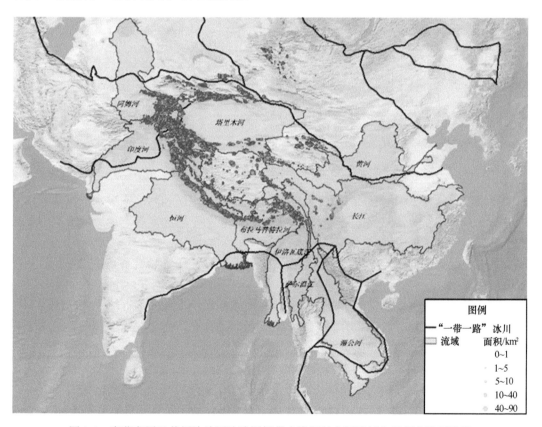

图 2.1　青藏高原及其周边地区冰冻圈提供水资源的主要流域和丝绸之路经济带

2.1.3 冰冻圈变化与经济社会系统的历史空间演替：典型案例

经济社会形态包括人口、文化、社会经济等要素，在冰冻圈影响区，各要素的形态与分布变迁受到冰冻圈变化的影响。依水而居是人类历史上适应环境以求生存和发展的重要特点之一，因此产生了不同的流域社会经济文化形态。例如，河西走廊是古丝绸之路的必经之路（图 2.2），其佛教石窟与河流分布有着明显的一致性。

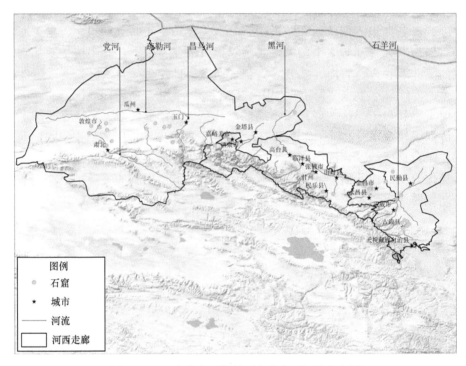

图 2.2　河西走廊主要佛教石窟和主要河流分布图

环塔里木盆地古聚落和古城遗址的分布反映了人类定居和冰冻圈融水河流的密切关系（图 2.3）。在新石器时代，塔里木盆地就出现了集中于冰冻圈融水形成的河流中上游的原始聚落，其选址于山前河流高阶地上，利于取水与防洪。例如，新疆最早的古城莎车县兰干遗址就位于喀什地区莎车县喀群乡恰木萨勒村兰干自然村东北约 2.4 km 的叶尔羌河边北岸。

西汉时期，南疆地区已经形成了围绕塔里木盆地周围流域的以西域三十六国为主的城郭诸国，而北疆地区以游牧为主，城镇沿天山北麓分布，有山北六国和乌孙等国家。吐鲁番及哈密地区古城主要集中在由西向东最终汇入艾丁湖的河流流域，即大阿萨古城、交河古城和安乐古城，拉不却克古城分布在哈密县西南，和硕焉耆地区沿博斯腾湖和孔雀河上游分布，阿克苏和阿图什地区主要分布在托什干河和喀拉噶什河流域。

唐朝时期，北疆地区出现了以北庭为中心的城镇体系，周围可延伸至昌吉、玛纳斯、奇台等地。从地域跨度看，城镇分布的数量、规模与地位悬殊，东部多而西部少；从时间

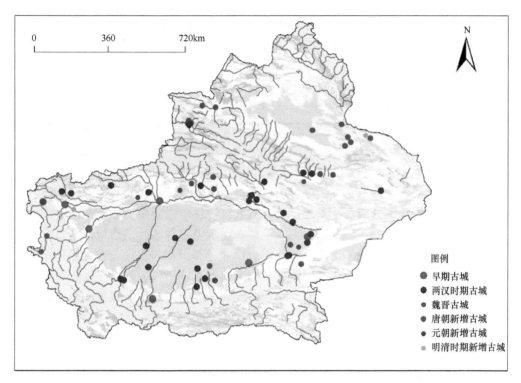

图 2.3　新疆各时期聚落变迁（Jia et al., 2018；史娟，2007；高华君，1987；杨发相，1990）

跨度看，以北庭为中心的城镇群持续时间长达 900 年之久；从城镇功能看，城镇除以政治、军事、交通功能为主外，还具备经济、文化与贸易的中心功能，在中原与中亚、西亚地区有深远的影响力。同时期，尼雅河流域的尼雅古城和车尔臣河左岸的且末古城被废弃。从现存的遗址看，至唐代，罗布泊地区已没有古城。罗布泊地区的楼兰古城和始建魏晋的海头古城以及若羌河古戍堡均被废弃。

宋元时期，东疆城镇衰退，南疆西部城镇，尤其是喀什、和田一带城镇地位上升，以喀什为代表的南疆城镇在人口规模和城镇密度上都占有重要地位。北疆地区，元在吉木萨尔设立别失八里行尚书省，置元帅府。清末民初，新疆城镇逐渐进入成熟期。准噶尔叛乱平定后的移民屯田建镇，在伊犁设立伊犁将军府，筑伊犁九城，大多移民屯垦戍边，西域的城镇得到了迅速发展，北疆城镇的地位上升成为主要趋势。当时在南疆地区主要有库车、阿克苏、乌什、和阗、叶尔羌、喀什噶尔、英吉沙尔、喀喇沙尔八大城镇。同时因战争和环境恶化，一些古城被废弃。

新疆古城历史演化的空间特征如下。

（1）长时间跨度下冰冻圈的变化（如雪线上移、融水贡献变化等）如何影响城市选址和搬迁，可否用古城的历史变迁来侧面反映冰冻圈水资源的变迁？目前尚缺乏定量研究。两汉时期，西域三十六国形成绿洲城镇的雏形；唐朝城镇最早由北向东拓展，城镇选址于水源充沛的地带，或可部分解释为气候暖湿、融水丰沛的地带。

（2）新疆古代城镇分布具有明显的布局模式、典型的重心迁移和城镇密度分布变化。以天山为界，南北呈现出不同的布局模式。环塔里木盆地城镇带的东部及南部衰落明显，城镇除了呈环状分布在塔里木盆地的周围外，沿河流与环状相交的方向也有发展，城镇主要集中在西北方向。历史时期的塔里木盆地城镇地域模式为多极结构，即以库尔勒、阿克苏、喀什、和田这四个城镇为中心，呈现出以喀什为基准的"C"形结构。现代城镇体系重心整体北移，尤以中心城镇为典型案例。从总体发展态势看，城镇中心经历了从南向北、由西向东的游移过程，即喀什噶尔—伊犁—乌鲁木齐（迪化）。城镇密度的分布随着时间的变化而迁移。清朝前期，南疆的城镇密度大于北疆，但清朝后期开始北疆的城镇密度越来越大，至民国时期南北疆城镇数量大致相等。北疆沿天山北麓一带，葡萄串状的城镇密集分布，逐渐成为新疆城镇的重心所在，其城镇在政治、经济、文化等功能方面均超过了南疆。

图 2.3 非常清晰地展示了新疆绿洲的分布，一是非常分散，没有连成一整片，因此绿洲城市的分布也非常分散；二是绿洲分布有其规律性，主要集中分布在盆地边缘和沿山麓河谷地带，形成绿洲带，北疆绿洲主要分布在准噶尔盆地西部边缘，南疆绿洲多位于塔里木盆地东北部到西方南部边缘，北疆天山北麓和伊犁河谷也分布了部分绿洲，另外东疆地区也有部分绿洲。新疆绿洲的分布对城市的影响不仅表现在平面分布上，也表现在垂直分布上，由于绿洲主要分布在盆地边缘和山麓河谷地区，海拔一般都较低，因而城市也随绿洲分布在海拔 500～1000 m，如乌鲁木齐海拔只有 600 m。

新疆地貌的主体为沙漠、戈壁、荒漠、高山等不适宜人类居住的地表形态。在此自然环境下，绿洲的分布极不平衡，由此也决定了城市分布的不平衡。北疆绿洲面积一直少于南疆。在历史上，北疆绿洲少，农业经济落后，以游牧经济为主；南疆绿洲较多，面积较大，水资源较丰富，故而农业较发达，形成了"南农北牧"的经济发展格局，遵循地形与水土分布规律。新疆不同区域的绿洲城市的分布呈不同的形态，南疆城市多环绕塔里木盆地呈环形分布，北疆主要城市沿天山北麓绿洲地带呈带状分布，部分城市则环绕准噶尔盆地西缘分布；另外，还有多个中小城市则如点状零星分布在一些分散的绿洲上。

以楼兰古城为典型案例，其形成与发展所依托的古环境背景与气候变化下的水资源丰枯密切相关。新近纪的上新世初期，青藏高原海拔仅 1000 m 左右，未能影响环流系统，气候相对比较湿润，此时的罗布泊已形成；在上新世末更新世初，青藏高原平均海拔达 4000 m 以上，湿润的印度洋西南季风极难进入塔里木盆地，相反，冬季在西伯利亚–蒙古冷高压控制之下，基本形成了干旱气候环境；在晚更新世中、末期，塔里木河借孔雀河东流，在楼兰地区形成尾闾湖；到全新世初，因气候干凉罗布泊再度干涸，塔里木河中下游风沙盛行；到公元前 3000～前 2600 年，罗布泊两度充水，楼兰三角洲河汊纵横，河间洼地众多，土壤以草甸土、草甸沼泽土为主，人类活动增加促进楼兰古城形成。

除了丝绸之路改道、超出生态环境承载能力的过度开发等原因外，楼兰古城衰亡的具体原因与水资源密切相关。首先，楼兰古城所处地区历来水资源稀少，生态环境脆弱。楼兰古城所处的塔里木盆地位于亚洲腹心，北、西、南三面均被群山所环绕，东面较为开阔，距海洋较远，造成其日照强烈、湿度小、降水少的气候特点。气候变干变冷时，冰川融水周期变长，降水量也变得相对较少。沙漠中的河流无法得到充足的水源补给，这就导致流程缩短，进而引发河流下游的绿洲因无法得到足够的水资源而开始萎缩直至消亡。其次，河流改道，丧失补给来源。公元前 100 年左右，气候的周期变化，风沙作用加强，加之河流沉积作用，使塔里木河和孔雀河主河道因淤塞而向西南偏移，迫使流经楼兰古城的河流水量逐渐减少。到公元前 70 年左右，已不能利用自然坡度进行大规模灌溉农田。同时，当时生产力低下，导致古楼兰南北河约在公元 350 年完全干涸。因此，"成也水资源，败也水资源"，恰恰说明了冰冻圈变化对于楼兰古城兴衰的巨大作用。其后罗布泊随气候变化在充水和干涸之间数次交替演变，直至 20 世纪初还有水，但支撑一个古城的水量一去不复返了。

2.2　冰冻圈区人口经济时空特征

全球冰冻圈人口和经济活动主要集中在环北极八国或地区（俄罗斯、加拿大、冰岛、挪威、芬兰、瑞典、格陵兰、美国阿拉斯加州），以及南美洲安第斯山区、欧洲阿尔卑斯山区、高加索山区、天山、青藏高原、蒙古国、中国东北地区等地。

本书北极地区以环北极八国或地区行政区划为单元，综合考虑其人口、经济、文化和民族等要素的时空特征。各国北极地区与其全国面积相比，除美国外，其余 7 个国家在北极地区的面积均超过了全国面积的 1/3。北极地区人口密度约为 0.77 人/km² （2015 年数据）。北极地区人口高度聚集于城镇，因冰雪覆盖，形成了大量的无人区。2015 年，环北极八国或地区人口达 2.01 亿人。其中，俄罗斯 1.44 亿人，占比高达 71.5%。其次为加拿大，其所属北极地区人口占 17.79%。美国阿拉斯加州人口占 0.36%。欧洲地区的北极国家人口数量较少，瑞典占北极总人口的 4.86%、挪威占 2.58%、芬兰占 2.72%、冰岛占 0.16%、格陵兰人口数量最少，仅占 0.03%（世界银行数据库和各国官方统计数据）（图 2.4）。

事实上，地域范围在 60°N 以北的北极地区人口仅接近 2000 万人。其中，俄罗斯北极地区人口数量最多，约 993 万人，约占整个北极地区人口总数的 74%，远高于其他环北极国家比重。美国阿拉斯加州和加拿大北部的北冰洋沿岸及格陵兰岛的北部土著居民约 200 万人。2006~2015 年，北极地区人口数量略有下降，且老龄化程度加重。对比 2006 年和 2015 年，北极地区人口数量总体上减少了约 14 万人，其减少部分基本为俄罗斯人口，北极其他国家或地区人口处于缓慢增加趋势。同时，在各国北极行政区中，俄罗斯约有一半地区老龄化程度严重，北美大部分地区也趋于严重，北欧地区几乎已经进入了严重的老龄化社会，现亟须改变人口政策，使人口劳动力结构趋于平衡。

2006 年北极地区 GDP 约 3200 亿美元。2013 年北极地区 GDP 约 5200 亿美元，约增长 62.5%，其中，俄罗斯北极地区 GDP 增长最大，而冰岛 GDP 则出现了负增长。1990~2015 年，北极各国和地区经济增长显著。其中，俄罗斯通过有效的经济结构改革和对外出口战略，已跃居为北极核心区第一大经济体，俄罗斯北极地区 GDP 约占整个北极地区 GDP 的 63%。自 1999 年之后，俄罗斯 GDP 已由负增长转变为以正增长为主，特别是在 1999~2008 年，其 GDP 增长率基本保持在 5%~10%。在北美地区，加拿大北极地区与美国的阿拉斯加州占整个北极地区 GDP 的比重分别列第二位、第三位，2013 年占比分别约为 7%和 10%。在北欧地区，2013 年各国北极地区 GDP 占全国的比重很小，普遍不超过 5%，较 2006 年略有上升。由于经济结构单一、对外出口依存度较高，北极地区经济发展极易受到国际经济局势的影响，特别是 2009 年的国际金融危机以及近年来的全球经济低潮已对北极地区经济形成重创，并造成经济显著

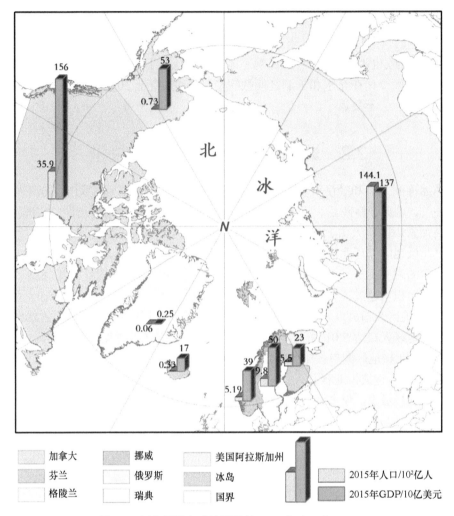

图 2.4　环北极国家或地区及其 2015 年人口和 GDP

下滑。但总体而言，得益于自然资源禀赋和愈加凸显的区位优势，北极地区经济增速有望在新一轮世界经济改革热潮中保持上升趋势，并由国际经济冷点区域转变为新的热点区域。北极冰冻圈区经济基础相对薄弱，各国北极行政区的 GDP 对全国的贡献极小。大部分北极行政区仍旧以采矿业、林业、渔业等领域的自然资源开采为第一经济支柱产业，并辅以木材、食品加工等传统第二产业体系。伴随着全球经济的进一步发展，冰冻圈区居民也开始享受着现代科技与物质文明带来的福利，部分地区旅游业的比重也有所上升，冰冻圈区以第一、第二产业作为支柱产业的不合理结构得到一定的改善，但未发生实质性的转变（杨毅，2017）。

青藏高原及其周边地区分布着众多的冰川，其人口在各流域的分布充分体现了对冰冻圈资源的高度依赖性，起源于冰冻圈的长江和黄河流域、印度河和恒河流域大多数地区的人口密度在 1 万人/km^2 或以上。在相关的所有流域里，2015 年总人口多达 17 亿人，GDP 总值多达 7 万亿美元（图 2.5，表 2.1）。其中，由于受气候和自然环境的限制，青藏高原农业发展相对滞后，以畜牧业的发展为主。从占青藏高原主体部分的青海省和西藏自治区的经济统计数据来看，2010 年青藏高原畜牧业总产值为 173.45 亿元，畜牧业人均收入 8260 元。虽然近年来青藏高原经济发展较快，但青藏高原人均收入水平普遍较低，低于全国同期平均值。第一产业中，青藏高原畜牧业所占比重历来较高，曾一度达到 60%，近年仍有增加趋势，这也反映了青藏高原尤其是广大牧区对畜牧业的高度依赖性。

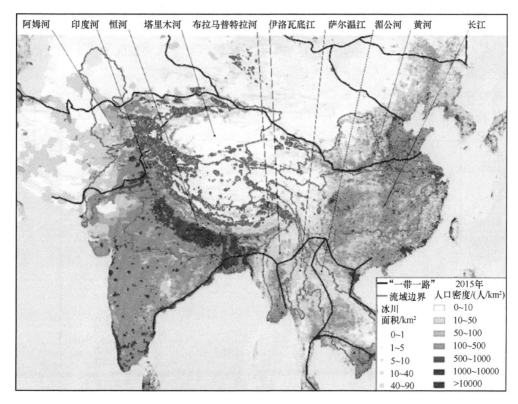

图 2.5　中亚兴都库什–喜马拉雅–青藏高原地区受冰川融水影响的流域及其人口分布

表 2.1　中亚兴都库什–喜马拉雅–青藏高原地区在冰川融水相关流域的人口及 GDP 分布（2015 年）

流域	人口/10^2 万人	GDP/亿美元
恒河流域	658	10399
长江流域	447	41382
印度河流域	204	2895
黄河流域	121	9742
雅鲁藏布江/布拉马普特拉河流域	115	1742
湄公河流域	66	2214
伊洛瓦底江流域	33	478
阿姆河流域	30	472
塔里木河流域	12	924
萨尔温江流域	9	293

蒙古高原和大兴安岭（蒙古国、内蒙古自治区中东部、黑龙江省西北部）主要分布多年冻土，其冰冻圈区域人口约1046万人。阿尔卑斯山区的法国、瑞士、奥地利和意大利人口约1.5亿人，但分布在高山冰冻圈区域的人口不足500万人。蒙古高原和大兴安岭冰冻圈区同样以畜牧业为主，2016年其GDP约1500亿元。其中，蒙古国约30%的人口从事游牧或半游牧，采矿业与畜牧业是其两大支柱产业。2016年其人均GDP高达1.90万元。阿尔卑斯山各国经济基础较强，2016年法国、奥地利、瑞士和意大利四国GDP达到了47780亿美元。其中，阿尔卑斯山冰冻圈旅游发展最为迅速，特别是冰川旅游、滑雪旅游业及畜牧业高度发达。

在南半球，人口和经济活动主要集中在智利和阿根廷冰冻圈区。南半球西侧是智利的比奥比奥河流域，东侧是阿根廷的科罗拉多河流域、内格罗河流域等，以及玻利维亚的的的喀喀湖流域。秘鲁横跨安第斯山脉的东西两侧。与坐落在安第斯山脉冰川融水相关的流域有大约4600万人口，GDP总值为4540亿美元（图2.6，表2.2），

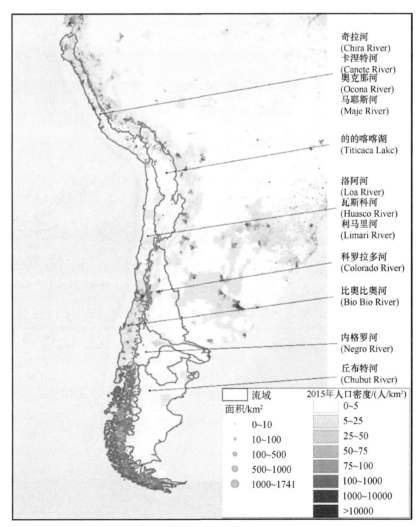

图2.6　安第斯山脉地区冰川补给流域及其人口分布

表 2.2　安第斯山脉地区与冰川融水相关流域的人口及 GDP 分布

流域	人口/10^2万人	GDP/亿美元
比奥比奥河流域	6.7	910
的的喀喀湖流域	3.6	180
科罗拉多河流域	3.1	460
丘布特河流域	1.0	140
内格罗河流域	0.9	130
洛阿河等周边流域	11.2	1510
奇拉河等周边流域	19.7	1210

其人口主要分布在智利的比奥比奥河流域，远少于兴都库什–喜马拉雅–青藏高原周边流域人口。

2.3　冰冻圈文化特征

文化不仅仅指一个社会的音乐、文学和艺术，而且包括服饰、生活习惯、饮食喜好、建筑特色、聚落布局、教育、法律、政体等在内的所有特征。文化是一个包罗万象的术语，它不仅能够识别人们整体的有形生活方式，而且能够识别人们普遍的价值观和信仰。文化是人文地理学的核心。人类在发展进程中与冰冻圈及其环境的紧密关系形成冰冻圈特有的历史文化形态，具体包括冰冻圈历史文化、宗教信仰和艺术等。每个民族都有自己生存和发展的权利，人类世界的丰富多彩正是在于世界各民族文化多样性的存在。

2.3.1　基本生活方式

18 世纪之前，全球冰冻圈很少受外界干扰，基本处于原始状态。冰冻圈历史文化主要形成于高纬环北极地区和中低纬度高海拔人类聚居区，其传统文化具有一定的形似性。由于极寒天气和山地的存在，这里形成了冰冻圈特有的寒区文化形态。例如，由于极寒天气，加之耕地极少，冰冻圈区一直保留着狩猎、驯鹿、游牧、畜牧最低级的生产、生计方式。冰冻圈极端气候、文化和地理特性共同催生了其独特的社会结构形式。其中，宗教、生活、生产、饮食、建筑、服饰等文化均与寒冷恶劣的冰冻圈环境（生境）息息相关。例如，北冰洋沿岸部族以捕猎海洋哺乳动物和鱼类为主。他们身穿鹿皮衣，住海豹皮帐篷，在水中乘坐海象皮划艇，在冰雪中靠驯鹿或北极狗拖拉雪橇。

2.3.2　冰冻圈地区宗教信仰

冰冻圈区原始宗教的形式多种多样，但以动物或大自然崇拜居多。整个环北极地区，作为一种没有固定教规、教义的原始多神教——萨满教，在漫长的社会实践生活中扮演着重要的角色。萨满教是一种原始多神崇拜的宗教，远古时代的人们把各种变幻莫测的自然现象与人类生活本身联系起来，赋予它们以主观的意识，对之敬仰和祈求，从而形成最初的宗教观念，即万物有灵。宇宙由"天神"主宰，山有"山神"，火有"火神"，风有"风神"，雨有"雨神"，地上又有各种动物神、植物神和祖先神……形成普遍的自然崇拜。例如，环北极地区因纽特人图腾多种多样，因而图腾崇拜在各地也不一样。但对大自然的崇拜与畏惧、对死者的崇拜、对祖先的崇拜、对偶像的崇拜却是普遍存在的。因纽特人相信万物有灵论，认为所有有生命和无生命事物都有一种精神或灵魂。

随着不同时期基督教的传入，环北极地区原始宗教也发生着变化，但信仰教式也有所差异。北极地区居民宗教信仰历经转变，由起初的萨满教等传统宗教转为基督教并不意味着两种宗教体系间的简单转换，反之，新旧信仰相互融合形成了一套基督教加传统的体系，并且通过殖民扩张引入的基督教不仅成了当地社会的一部分，甚至加强了土著居民的自身文化认同。例如，18世纪90年代开始，东正教成为阿留申人生活的重要部分，东正教教堂支持传统阿留申语言、文化，使两种文化和平交融。当今美属阿留申人仍为东正教信奉者，并坚信这是他们祖先两百多年前所接纳和信奉的。从现状特征可以看出，北极地区大部分居民都加入了不同形式的基督教、天主教等，只有小部分人信仰少数宗教或无宗教信仰。少数宗教几乎全部分布在各个原住民聚落点，这些聚落点往往位于对其传统文化发展有利的资源富集区。大城市由于受基督教与天主教等主流教派的影响，对于外来宗教的接纳程度较低，这将对少数宗教永续发展造成不利影响。

另外，当前新教会占据着芬兰、挪威、瑞典、丹麦、冰岛、法罗群岛、阿拉斯加州以及部分加拿大北部地区，格陵兰岛则主要信奉基督教路德宗。东正教在俄属北极地区盛行不衰，并且对美国阿拉斯加州和芬兰部分地区也有一定影响。天主教则在加拿大和美国阿拉斯加州的部分地区较为盛行。蒙古国及青藏高原则主要信仰藏传佛教。

2.3.3　冰冻圈地区民族和语言

全球冰冻圈区分布有超过40个不同的族群，使用语言有10多种。这些族群主要分布在八个北极国家，即加拿大、美国（阿拉斯加州）、俄罗斯、芬兰、瑞典、挪威、冰岛以及丹麦（格陵兰岛），以及阿尔卑斯山、天山、青藏高原、高加索地区、落基山、安第斯山山区等。其中，北极地区由20多个少数民族组成（见2.1.1节）。中国冰冻圈民族较少，主要为藏族人（Tibetan）、哈萨克族人（Kazakh）、鄂温克族人（Ewenki）、鄂伦春族人（Oroqen）和达斡尔族人（Daur）。蒙古国主体民族是蒙古族，也有哈萨克族、图瓦人（Tuvas）等少数民族分布于西部。

在所有环北极地区民族中，因纽特人（也被叫作爱斯基摩人）是北极土著居民中分布地域最广的民族，其居住地域从亚洲东海岸一直向东延伸到拉布拉多半岛和格陵兰岛，主要集中在北美大陆。通常西方人把因纽特人分为东部因纽特人和西部因纽特人。西部因纽特人指阿留申群岛、阿拉斯加西北部和加拿大西北部麦肯齐三角洲地区讲因纽特语的居民。这些地区的爱斯基摩文化深受相邻地区亚洲和美国印第安人文化的影响。萨米人或拉普人是北极地区土著居民中最为外界熟知的民族。他们以擅长驯养驯鹿而闻名，他们的文化称为"驯鹿文化"。

北极地区拥有多元的语言文化，包括殖民主义和同化主义主导下引入的外来语言，也有大范围使用的土著语言以及拥有小众土著部落创造的小众语言，每一种语言都有自己独特的表达形式，这种独特的表达方式很大程度上反映了地区间的文化差异（图 2.7）。

图 2.7　北极地区国家土著居民分布图（按语系分类）

资料来源：https://arctic-council.org

随着 18～19 世纪欧美殖民扩张以及如今大量外来人口迁入,具有多元化特征的土著语言的多样性大大下降。目前,40 多种原有土著语言的保存现状具有较大差异,其中部分语言使用人数大幅下降,如尤卡吉尔语(Yukaghirs)、阿留申语以及部分阿萨巴斯卡语。部分语言的使用频率依然较高,如萨米语(Sami)、雅库特语(Yakut)、楚科奇语(Chukchi)、尤皮克语(Yupik)等,其中冰岛语和法罗群岛语在当地的使用频率达到了 100%。尽管如此,根据相关统计资料,北极地区已经成为全球语言损失最严重的区域之一,有主导地位的语言多为外来语言,其中俄语使用最广,其他依次为英语、挪威语、冰岛语、瑞士语、芬兰语和斯堪的纳维亚语等。

不论人口多的民族还是人口少的民族,他们独具特色的民族文化、语言文化都是本国乃至世界文化宝库的重要组成部分。在未来冰冻圈资源开发与经济发展过程中,各国必须承诺要保护原住民社会文化的独特性、原真性,提升其生活质量,保护他们世代赖以生存的生活环境,以使冰冻圈地区社会文化可持续发展。多元文化模式提倡保护土著民族(包括移民)语言,因此在全球冰冻圈地区保护原住民文化遗迹应当以保护土著语言为先。政府和原住民社区应采用多种措施缓解少数民族语言流失的风险。

2.4　冰冻圈区的法律体系及其民族自治

冰冻圈区环境较为恶劣,远离大中型城镇群,人口相对较少,产业单一。一些冰冻圈区具有公共疆/海域、相对独立的地域单元等特征。冰冻圈区法律体系和民族区域自治建立的主要驱动力来自冰冻圈地域的相对独立性、聚居区文化形态、社会结构的相对完整性。

2.4.1　南北极法律体系

南极作为公共疆域,其气候、环境及其文化结构具有一定的相对独立性,但南极资源、环境、战略意义重大,各国均在觊觎。当前,区域自治仅仅停留在法律约束方面,主要涉及《南极条约》(1959 年)。该条约规定了有关领土、科研、环境保护等一系列内容,并有缔约国协商会议。1988 年,正当一些大国策划签订有限开采南极资源条约时,法国科学院院士古斯都及其领导的古斯都基金会坚决反对,他先后说服法国、美国和苏联等国总统不要开采南极资源,并积极促成世界上的《南极条约》协商国达成统一意见。1989 年,第 15 届《南极条约》协商国会议在法国巴黎召开,会议签订了《南极 50 年内不开发条约》。2039 年,《南极 50 年内不开发条约》有效期将至,人类有无可能开发南极资源,这是人类必须关注的重大问题。

北极并不存在统一的国际法体系,但包括一系列公约在内的国际法律制度提供了处理北极问题的基本法律框架。区域性国际法文件和区域合作制度包括:北冰洋五国缔结的《北极熊保护协定》、北极环境部长会议通过的不具有法律约束力的《北极环境保护战略》,以及以北极理事会为代表的区域可持续发展机制等。《联合国海洋法公约》以及国际海事组织制定的国际法律文件包括其针对北极的特别航行条件制定的《极地冰封水域船只航行指南》。《联合国海洋法公约》涉及海域划界、海洋环境保护、航行、海洋科研等各方面，对沿海国以及其他国家的权利义务做出了基本规定。《斯匹次卑尔根群岛条约》是一项独特的北极法律制度，该条约在将群岛主权赋予挪威的同时，确定了缔约国国民平等待遇原则以及和平利用群岛原则。以上《联合国海洋法公约》和《斯匹次卑尔根群岛条约》是非北极地区国家参加北极活动的重要法律依据。除《斯瓦尔巴德条约》（1976 年）外，北极没有成立和《南极条约》一样的条约体系，最主要的原因是南极被公认为是不属于任何国家的公共疆域，或者也可以说是被《南极条约》的缔约国共管，这只是一种搁置领土主权申索的暂时措施。而北极除北冰洋中心海域属于公海外，北极大部分地区均有领土归属。

2.4.2　冰冻圈区的民族自治

民族自治是在国家统一领导下，各少数民族聚居的地方实行区域自治，设立自治机关，行使自治权。民族区域自治制度有利于维护国家统一和安全，有利于保障少数民族人民当家做主的权利，有助于少数民族文化的传承与发展、维持世界民族文化的多元性或多样性，同时有助于缓和民族矛盾、降低管理成本。冰冻圈区原住民文化结构独特，原住民是该区域内经济社会发展的主体，但随着非原住民的进入，二者文化和经济差距越来越大，冰冻圈区少数民族自治意愿越来越强烈，希望能以主人身份维护自身的权益。在此，以美加北极地区、格陵兰和俄罗斯北极地区为例，来揭示冰冻圈区民族自治过程。

1. 美加北极地区民族自治

1867 年，俄国以 720 万美元的价格把阿拉斯加卖给了美国，而居住在阿拉斯加的北极原住民认为阿拉斯加是属于他们的居所，不承认俄美之间的土地交易。20 世纪六七十年代开始，阿拉斯加原住民与美国政府开始谈判，他们认为，国土属于国家，但作为这块土地的世代居住者，他们拥有使用北极地表资源的权利。几十年的抗争后，美国政府通过了相关法律，以阿拉斯加开采油田的面积给予北极原住民相应的利润提成，且在《阿拉斯加原住民定居权法案》下，美国政府把阿拉斯加 1/9 的土地划归原住民所有，并给予原住民约 10 亿美元的赔偿金。

在加拿大，原住民主要通过法院诉讼程序对原住民固有权利进行确认与对政府履行义务进行保障，以及通过个别协商渠道，分别与联邦政府、省政府进行三边斡旋，以实现在联邦政府架构下的区域自治。1993 年 5 月，努纳武特汤加维克联盟（Tungavik Federation of Nunavut，TFN）和联邦政府、西北政府正式签署了《努纳武特协议》（*The Nunavut Agreement*）。6 月，加拿大议会通过《努纳武特土地权利协议法案》（*The Nunavut Land rights Agreement Act*）和《努纳武特法案》（*The Nunavut Act*）。这两项法案规定了努纳武特地区的地域范围，行政、立法与司法机构的组成、任期和权限，以及过渡时期努纳武特与西北地区的关系等。两项法案是努纳武特自治政府运作的法律基础，尤其是《努纳武特法案》。1995～1996 年，努纳武特执行委员会（The Nunavut Implementation

Commission）拟定了一项"新雪上的足迹"（Footprints in New Snow）计划，建议未来努纳武特自治政府采取省政府与地方政府分权，将权力下放至地方政府，分管不同行政事务，这项建议后来成为努纳武特自治政府施政的政治蓝图。1998 年，加拿大联邦议会通过了《努纳武特法案修正案》（Amendments to the Nunavut Act）。1999 年，努纳武特自治政府正式成立。经过 26 年的酝酿、谈判、提案、投票、立法，努纳武特地区终于成为加拿大联邦政府最年轻的成员。居住在该地区的 2 万多因纽特人终于拥有了合法的公民权，在选举、住房、教育等各方面有了自主保障。

2. 格陵兰民族自治

公元 982 年，移居冰岛的挪威人发现了格陵兰，格陵兰于 1261 年成为挪威的殖民地。1380 年丹麦与挪威联盟，格陵兰转由丹麦、挪威共同管辖。1841 年丹麦、挪威分治后，格陵兰成为丹麦的殖民地。1953 年，丹麦修改宪法，格陵兰成为丹麦的一个州。1979 年，格陵兰实行内部自治，但外交、防务和司法仍由丹麦掌管。1973 年，格陵兰随丹麦一起加入欧洲经济共同体。然而，作为一个其经济和生存都完全依赖海洋资源的北美岛屿，受欧洲的管理是完全不必要的。1979 年，格陵兰建立起内部自治政府，成为丹麦王国名下一个有着特殊地位的国家。格陵兰政府自行管理格陵兰事务，只有与丹麦王国有关的案件才由丹麦司法机构裁定。在外交事务上，格陵兰不能与其他国家签订有关外交关系的协议。丹麦宪法承诺，所有与格陵兰有关的声明都将照会格陵兰自治政府。格陵兰设有自治议会和自治政府，税收、地下资源、教育、文化和社会福利等事务由自治政府负责，防务、外交、司法和货币等由丹麦政府掌管，总督由丹麦君主任命。格陵兰于 2008 年举行自治公投，公投案以超过 75% 选民支持大比数从丹麦手中获得更大的自治权，这成为格陵兰脱离丹麦 300 年统治而独立的前奏。格陵兰自治后，政府将接过原本由丹麦王国拥有的天然气资源管理权、司法和警察权。格陵兰拥有部分外交事务权，但丹麦王国在格陵兰的防务和外交事务上拥有最终决定权。

3. 俄罗斯北极地区民族自治

俄罗斯北极地区的原住民数量较大，包括 26 个少数民族，约 900 万人口，他们主要居住在西伯利亚地区。1922 年，苏维埃社会主义共和国联盟（简称苏联）正式成立，通过建立加盟共和国、自治共和国的方式延续和保障了民族自决权。同时，联邦政府积极帮助少数民族地区发展科教文卫及经济，反对并压制大俄罗斯主义，发展和谐平等的民族关系。1929 年，俄罗斯北极地区涅涅茨自治区成立。1930 年，北极地区的亚马尔–涅涅茨自治区、楚科奇民族自治区、汉特曼西斯克民族自治区相继成立。1991 年，苏联解体后，俄罗斯中央政府陆续颁发《关于为被镇压民族平反的法律》《俄罗斯联邦刑事法》《俄罗斯联邦刑事诉讼法》等一系列法制保障制度，制定了相应的少数民族优惠政策，认可并维护了所有少数民族在政治体系和实践中的平等地位、民族合法权益和政治经济文化需求。1996 年，中央政府通过了《俄罗斯民族文化自治法》，借以改善国内民族关系，该法逐渐在俄罗斯全境范围内推广实施。为保障俄罗斯当代民族政策贯彻落实，2012 年普京签发第 1666 号总统令，发布了《2025 年前俄联邦国家民族政策的战略》。民族自治在俄罗斯文化传承和发展方面意义重大。例如，俄罗斯萨哈共和国的原住民雅库特语是西伯利亚土著语中唯一一种没有衰落的语言。每个雅库特人都说雅库特语，雅库特语还是俄罗斯联邦之萨哈（雅库特）共和国的官方语言之一，当地发行雅库特语杂志、报刊和书籍，还有雅库特语的电视和广播节目。俄罗斯楚科奇民族自治区的成立对于民族繁荣与民族团结意义重大，当前土著民族与俄罗斯人口各占一半。

2.4.3　国际法、区域公约与北极原住民权益

现有国际法对北极原住民权益的维护与保障原住民的权益诉求始于 20 世纪 20 年代，但鉴于当时动荡的社会环境，缺乏胜任的国际组织作申诉平台，一直到联合国成立，原住民的权益诉求才开始为世人所关注。1957 年，国际劳工组织通过第 107 号公约《土著和部落人口公约》，目的在于维护原住民权益，保护、改善原住民生活和工作，帮助其融入主流社会。1989 年，联合国通过 169 号公约，该公约是在 107 号公约的基础上通过的新的《土著和部落民族公约》，以进一步维护原住民的土地所有权，确认原住民在文化传承、社会发展等方面的主体地位。联合国把 1994 年定为"国际原住民年"，随后把 1994～2004 年定为 "国际原住民十年"，以此提高国际社会对原住民权益的关注。区域性公约在保障原住民权益方面也发挥着重要作用。1997 年，美洲人权委员会通过了《美洲原住民权利宣言草案》，进一步确认国家应承认并尊重原住民族的生活形态、传统文化、经济与政治组织。2007 年，联合国通过《原住民权利宣言》，标志着国际社会对原住民权利的关注和关怀。尽管该宣言并不具有国际法的约束力，但却明确了原住民在土地、资源、文化等方面的基本权利，为今后原住民相关法律、政策、制度的制定提供了框架和标准。2009 年，联合国人权委员会通过《环北极因纽特民族北极主权宣言》，明确了作为一个原住民族应享有的权利，特别是北极主权和与主权相关的其他权利，其中包括最核心的自决权，以此维护本民族政治、经济、文化特色，享有的土地、领土和资源的拥有权、使用权、开发权和控制权。2011 年，《环北极因纽特人聚居区资源开发原则宣言》则进一步声明，因纽特人在国家制定资源开发决策时拥有知会权、优先话语权，得到因纽特人首肯后，资源开发才能进行，且因纽特人有权力参与资源开发政策制定及资源开发实践过程，有义务保证资源开发的可持续发展。区域性公约在保障原住民权益方面也发挥着重要作用，但大多数时候原住民的权益是间接通过国际人权公约体系得到保障的。

原住民族区域自治及其南北极法律条约的建立与全球冰冻圈及其生态系统服务功能对环境变化的恢复力紧密相关。无论气候是否变暖，一些冰冻圈区域对外来文化、社会的破坏作用表现得特别脆弱，这有可能威胁到这些区域在将来提供产品和服务的能力，但从长远看，气候变化也有可能会使其恢复力得到加强，关于这方面的研究亟待加强。在未来参与北极地缘经济的进程中，应制定相应的北极发展战略，切实尊重国际法和当地国家法律赋予土著居民的各项权利，在开展相关经济开发活动前应当针对这些权利进行尽职调查。

2.5　冰冻圈探险和科学考察

　　冰冻圈探险和科学考察历史是冰冻圈区重要的历史文化要素，也是早期认识冰冻圈区经济社会形态的重要途径，其发展还与冰冻圈区经济社会结构演变息息相关。其中，随着 19 世纪极地探险时代的到来，各国开始以宣示主权、贸易、环保、土著事务管理等各种名义为由，涉足南北极。尽管这些活动给冰冻圈区带来了一定的现代科技与物质文明，但对当地人口、经济社会结构也造成了一定的冲击，一些问题陆续开始显现，特别是在北极地区。

2.5.1　南极探险与科学考察

　　南极探险与科学考察史不仅是人与自然最艰苦卓绝、最高层级的博弈史，也是人类文明在极端环境下的发展史，还是民族与民族、国家与国家之间的竞争史，尤其是围绕南极点科学探险的角逐，更是国家力量和国家利益之间的竞争。数百年来，为征服南北极，揭开它的神秘面纱，数以千计的探险家前仆后继，表现出不畏艰险和百折不挠的精神。1755~1772 年，英国库克船长领导的探险队在南极海域进行了多次探险，但并未发现任何陆地。1819 年，英国威廉·史密斯船长发现南设得兰群岛。1820 年美国帕默发现奥尔良海峡，后来证实为从南极大陆延伸出来的南极半岛西北岸。1838~1842 年，美国海军上尉威尔克斯对南极洲的探险足以证实南极洲为一块大陆，而不是一个群岛。1911 年 12 月 15 日，挪威人罗尔德·阿蒙森率先抵达南极点，成为世界上到达南极点的第一人，1912 年 1 月 18 日，英国人罗伯特·斯科特也成功抵达南极点，但因与阿蒙森竞逐第一到达南极点落败而情绪低落、体力衰竭与暴风雪的提前到来不幸全队覆没，长眠于南极。之后，许多国家先后到南极探险、考察，建立科学考察站。1957 年，美国在南极点设立科学考察站，并以最先到达南极点的阿蒙森和斯科特的名字命名，即阿蒙森–斯科特站（Amundsen-Scott South Pole Station），该站是地球上长期有人居住的最南处，也是世界纬度最高的科学考察站。

　　1958 年，国际地球物理年的计划完成后，国际科联成立了南极研究特别委员会，即现在的南极研究科学委员会（SCAR），组织、协调南极科学考察研究活动。1959 年，12 个国家在美国签订《南极条约》。1983 年，中国成为《南极条约》的缔约国，1985 年成为协商国。1989 年，美国人维尔·斯蒂格（Will Steger）和法国人让·路易·斯艾蒂安（Jean Louis Stien）组织"国际横穿南极洲科学考察探险队"（由美、法、中、苏联、日、英 6 个国家的 6 人组成），从南极半岛拉尔森冰架北端的海豹冰原岛峰出发，于 1990 年 3 月到达终点站——苏联和平站，整个行程 5968 km，完成了人类历史上第一次从西到东线路最长的横穿南极大陆的伟大壮举，中国科学家秦大河便是此次考察探险队的代表之一（图 2.8）。

图 2.8　秦大河等 1989 年徒步横穿队六人在南极点合影

自 1984 年起，中国开始对南极展开一系列科学考察工作。截至 2018 年，中国已开展了 35 次南极科学考察，已建立包括长城站（1985 年建立）、中山站（1989 年建立）、昆仑站（2009 年建立）、泰山站（2014 年建立）在内的 4 个南极科学考察站；2018 年，第 5 个科学考察站开始在南极罗斯海正式奠基。虽中国在南极研究上起步较晚，但凭借近年来快速的发展正在向强国迈进。秦大河以非凡的勇气横穿南极大陆的壮举以及争取 Dome A 权益使他成为中国极地科学家争取极地国家权益的典范。当前，南极战略地位已成为各国角逐的焦点，这种争端不仅体现在大国主张，同时体现在发展中国家的介入。

2.5.2　北极探险与科学考察

相对于南极，北极不存在统一的《国际法》体系。1594～1597 年，荷兰人巴伦支为寻找东北航线，曾 5 次率领探险队去巴伦支海，并两次沿新地岛西岸和北岸航行到达喀拉海峡。1596 年，荷兰航海者发现并命名了斯瓦尔巴岛 （Svalbard），这座巴伦支海峡与格陵兰岛之间的小岛吸引了荷兰、英国、丹麦和挪威的共同关注，这些国家纷纷诉求该岛的主权。1843～1945 年，英国富兰克林指挥着探险船开始了具有历史意义的北极海上探险活动。1909 年，美国探险家罗伯特·皮尔里成为世界上第一个到达北极点的探险家。19 世纪 50 年代开始，以竺可桢为代表的我国科学家就曾呼吁要开展两极方面的科学研究。1995 年，中国以半官半民的方式组织了首次远征北极点科学考察，1996 年正式加入国际北极科学委员会（IASC）。1999 年，国家海洋局启动了中国政府组织的首次北极科学考察。截至 2019 年，中国已完成 10 次北极科学考察，初步形成我国在北极的影响力。2013 年，中国正式被接纳成为北极理事会正式观察员，成为北极事务的参与者、建设者和贡献者。2018 年 1 月，中国政府发布了《中国的北极政策》白皮书。中国参与北极事务有三方面的目标：一是为我国的经济安全探索新的空间和选择；二是为我国的极地科学取得领先地位创造条件；三是为提升国际地位进行战略运筹。

2.5.3　青藏高原探险与科学考察

青藏高原是全球海拔最高、最独特的地质、地理和生态单元，是"世界屋脊"、"亚洲水塔"和地球"第三极"，其长期以来为全球探险家和科学家所瞩目。

青藏高原探险活动主要开始于 19 世纪 40 年代，远迟于南北极探险活动。1841 年，印度总监督官乔治·埃弗里斯特爵士记录下了珠穆朗玛峰的地理位置。1853 年，珠穆朗玛峰被勘测为世界第一高峰，海拔 8840 m。20 世纪初，国内外探险家、科学家开始对青藏高原进行了一系列的探险活动和考察。1921 年，英国第一支珠穆朗玛峰登山队在查尔斯·霍华德·伯里（Charles Howard-Bury）中校的率领下开始攀登珠穆朗玛峰，他们没有越过北坳顶部，自己宣称到达海拔 6985 m 处。1932 年，美国人特里斯·穆尔（Trish Moore）与理查德·波萨尔（Richard Posar）首次登顶青藏高原东缘最高峰——贡嘎山主峰。1953 年 5 月 29 日，尼泊尔夏尔巴向导丹增·诺尔盖 （Tenzing Norgay） 和新西兰登山家埃德蒙·希拉里（Edmund Hillary）首次登上珠穆朗玛峰。中国登山队王富洲、贡布、屈银华三人于 1960 年 5 月 25 日首次从北坡登上珠穆朗玛峰峰顶，鲜艳的五星红旗飘扬在地球最高处（表 2.3）。当前，登山和探险活动日趋火热，一方面具有冰冻圈社会经济价值，另一方面也对生态环境产生影响，如珠穆朗玛峰旅游和登顶探险有时达到拥堵程度并造成人员伤亡。

青藏高原科学考察最早可追溯到 19 世纪下半叶，当时一些外国探险家和科学家在青藏高原地区进行了各种考察和调查（郑度，2009）。20 世纪 30 年代，中国科学家刘慎谔、孙健初、徐近之等分别在青藏高原对植物、地质和地理进行了考察。这一阶段的考察对于科学地认识青藏高原的自然界有积极意义，但由于比较零散和局限，青藏高原的大部分地区仍处于科学空白状态。

20 世纪 50～60 年代，中国对青藏高原环境和资源的调查与考察高度重视，要求查明并评价青藏高原的自然条件和自然资源，探讨自然灾害及其防治，以适应青藏高原建设的需要。大规模的考察活动主要包括：1950～1960 年对西藏东部和中部、青海与甘肃的祁连山、柴达木盆地、昆仑山、珠穆朗玛峰地区、横断山区以及西藏中南部进行的考察；20 世纪 60 年代中期对希夏邦马峰和珠穆朗玛峰地区进行的登山科学考察。

1972 年，中国科学院制订了《青藏高原 1973～1980 年综合科学考察规划》，1973 年组建成立的中国科学院青藏高原综合科学考察队开始了新阶段的科学考察工作：1973～1976 年对西藏自治区进行全面系统的综合科学考察；20 世纪 80 年代起对横断山区、南迦巴瓦峰地区、喀喇昆仑山–昆仑山地区和可可西里地区的综合科学考察等。

表 2.3　青藏高原主要山峰（海拔 7000 m 以上）及其首次探险

山峰	高程/m	地理位置	所属山系	首次登顶
珠穆朗玛峰	8848	27.9° N，86.9° E	喜马拉雅山	1953 年，埃德蒙·希拉里、丹增·诺尔盖二人首次登顶
洛子峰	8516	27.9° N，86.9° E	喜马拉雅山	1956 年，瑞士人弗利莱姆·卢嘉格尔姆和艾尔斯托姆·莱索姆二人首次登顶
马卡鲁山	8463	27.9° N，87.1° E	喜马拉雅山	1955 年，法国人摩西捷利和基坦克等 9 人首次登顶
卓奥友峰	8201	28.0° N，86.6° E	喜马拉雅山	1954 年，奥地利人基希和尼泊尔人潘辛铭等 4 人首次登顶
门隆则峰	7175	28.0° N，86.4° E	喜马拉雅山	1988 年，日本队首登
希夏邦马峰	8012	28.3° N，85.7° E	喜马拉雅山	1964 年，中国人许竞、张俊岩和王富洲等 10 人首次登顶
摩拉门青峰	7703	28.3° N，85.8° E	喜马拉雅山	1981 年，新西兰攀山队首次登顶
纳木那尼峰	7694	30.4° N，81.3° E	喜马拉雅山	1985 年，中日联合登山队的 13 名队员首次登顶
章子峰	7543	28.0° N，86.9° E	喜马拉雅山	1986 年，中日成功合登章子峰
拉布及康峰	7367	28.5° N，86.5° E	喜马拉雅山	1987 年，中日友谊联合登山队成功登顶
格重康峰	7952	28.0° N，86.9° E	喜马拉雅山	1964 年，日本登山队攀登成功
库拉岗日峰	7538	28.2° N，90.6° E	喜马拉雅山	1986 年，日本神户大学登山队成功登顶
宁金岗桑峰	7206	28.9° N，90.1° E	喜马拉雅山	1986 年，中国西藏登山队桑珠、边巴、加布等 12 人首次登上顶峰
康格多峰	7060	27.8° N，92.4° E	喜马拉雅山	1988 年，日本登山队 4 人沿北山脊首次成功登顶
南迦巴瓦峰	7782	29.6° N，95° E	喜马拉雅山	1992 年，中日联合登山队首次登顶
加拉白垒峰	7294	29.8° N，95° E	喜马拉雅山	1986 年，日本登山队首次成功登上加拉白垒峰
念青唐古拉峰	7162	30.4° N，90.6° E	念青唐古拉山	1986 年，日本东北大学三人成功登顶
乔戈里峰（K2）	8611	35.9° N，76.5° E	喀喇昆仑山	1954 年，意大利人拉瑟德利（Lacedelli）和坎帕诺尼（Compagnoni）首次登顶
加舒尔布鲁木 I 峰	8080	35.7° N，76.7° E	喀喇昆仑山	1958 年，美国人皮特·珊宁和安德烈·考夫二人首次登顶
加舒尔布鲁木 II 峰	8028	35.7° N，76.7° E	喀喇昆仑山	1957 年，奥地利人弗利茨·莫拉维克和汉斯威廉帕尔特等三人首次登顶
布洛阿特峰	8051	35.8° N，76.6° E	喀喇昆仑山	1975 年，奥地利人舒来客和布里等 4 人首次登顶
公格尔峰	7719	38.6° N，75.3° E	帕米尔高原	1956 年，中国与苏联联合登山队首次成功登顶
公格尔九别峰	7530	38.6° N，75.1° E	帕米尔高原	1956 年，中国与苏联联合登山队首次成功登顶
慕士塔格峰	7546	38.27° N，75.12° E	帕米尔高原	1956 年，中国和苏联联合登山队首次成功登顶
贡嘎山主峰	7556	29.6° N，101.8° E	贡嘎山	1932 年，美国探险队攀登成功

2017 年 8 月 19 日，中国科学院第二次青藏高原综合科学考察研究在拉萨启动，其将聚焦青藏高原的冰川、水资源、生态、人类活动等环境问题，分析青藏高原环境变化对人类社会发展的影响，提出青藏高原生态屏障功能保护和第三极国家公园建设方案。

思 考 题

　　1. 试述冰冻圈区人口空间分布特征。

　　2. 生活在北极圈的原住民有哪些?

　　3. 冰冻圈区域民族自治的目的何在? 试述其利弊。

第3章
冰冻圈人文社会学研究方法

本章主要介绍冰冻圈人文社会学研究方法，目的是探索建立冰冻圈与人类圈相互关系的有效分析工具。这些方法中有的借鉴相邻学科，有的则是与冰冻圈特殊性有关。社会调查是冰冻圈人文研究传统的分析手段，随着多学科研究的发展，冰冻圈社会水文耦合分析方法、系统动力学和投入产出模型方法等新方法被不断引入冰冻圈人文社会学，这些新方法旨在强调冰冻圈人文社会学复杂的系统问题，包括远程耦合问题等的可能解决途径，以此建立多圈层相互耦合的冰冻圈人文社会学模型，分析冰冻圈变化的自然响应与反馈效应和社会经济效应。本章也阐述了冰冻圈区划理论和方法、地缘政治分析工具，从而为冰冻圈及其影响区可持续发展规划和治理提供有效方法。

3.1 社会调查方法

冰冻圈社会调查方法按照一定研究目的，通过运用各种科学方法和经验手段，有步骤地实地考察有关冰冻圈的人文现象，并收集大量的、具体的冰冻圈人文社会学事实，在对这些资料进行定性和定量分析的基础上，探索冰冻圈人文社会学现象发生、发展、变化的规律，以促进冰冻圈影响区人口和文化形态健康、持续发展。

3.1.1 社会调查方法体系

社会调查方法体系由社会调查方法论、社会调查方法和社会调查技术三个层次构成（图3.1）。

其中，社会调查方法论是社会调查方法体系的最高层次，主要是指社会调查的理论基础和指导思想。哲学、逻辑和学科方法论的综合运用构成了社会调查方法论的完整体系。

社会调查方法是社会调查方法体系中的中间层次，包括收集资料方法和研究资料方法两部分。收集资料方法主要是指在调查实施阶段所运用的具体方法，其方法多种多样，主要包括普遍调查、抽样调查、典型调查、个案调查等基本类型，以及观察法、访问法、问卷法、文献法等具体方法。而研究资料方法主要是指研究阶段使用的具体方法，包括双变量相关分析、区间估计、假设检验等统计分析方法以及分类和比较、归纳和演绎、分析和综合等理论分析方法。

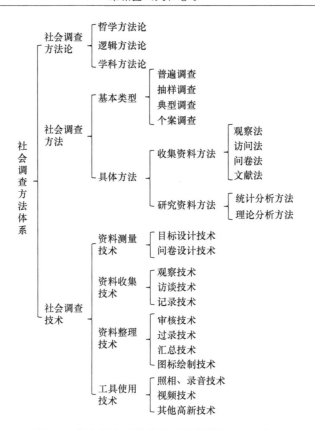

图 3.1　社会调查方法体系（吴增基等，2003）

社会调查技术是社会调查方法体系的最低层次，包括资料测量技术、资料收集技术、资料整理技术和工具使用技术，具体如图 3.1 所示。

社会调查方法体系三个层次相互联系、相互制约。在整个方法体系中，社会调查方法论是基础，决定调查研究方向和价值，决定社会调查方法与社会调查技术的选择。同时，调查研究具体实施有赖于社会调查方法与社会调查技术的运用，社会调查方法与社会调查技术的发展演进又促进社会调查方法论的发展变化。三者在相互联系、相互制约中不断发展与完善，才使社会调查方法构成一个严谨的学科调查方法体系。

3.1.2　社会调查的种类及方法

1. 社会调查种类

社会调查按调查范围分类，可分为全国性调查、地区性调查、社区调查等；按调查对象分类，可分为阶级与阶层调查、群体调查等；按调查内容分类，可分为普遍调查、专题调查、行业调查、市场调查、民意测验；按调查内容性质分类，可分为工作性调查、学术性调查、咨询性调查。

2. 社会调查方法分类

社会调查方法按调查对象分类,可分为普遍调查、个案调查、抽样调查、典型调查;按与调查对象的接触方式分类,可分为直接调查和间接调查,其中,直接调查包括观察法、访问法等,间接调查包括电话调查、网络调查、汇报法、文献法;按调查时间分类,可分为一次性调查、周期性调查、阶段性调查、短期调查、瞬间调查、长期观察;按调查作用不同分类,可分为初步调查、试验性调查、正式调查、反馈调查、补充调查、追溯调查、追踪调查等;按收集资料手段分类,可分为统计表格调查法、问卷调查法。

3.1.3 社会调查研究的基本程序

社会调查研究的基本程序主要是通过访谈、问卷调查等形式了解情况或征询意见,并通过分析所获资料来认识社会现象及规律,其可分为五个步骤或五个阶段。

1. 选题阶段

选题应选比较熟悉的领域,选题要可行、可操作。选题前应做大量文献调研、社会背景调研,了解与研究课题有关的各种理论观点和研究方法,其社会调查应以典型调查为主。选题一般要有一定的理论意义,或是社会迫切需要解决的社会问题,要有一定的应用价值。当然,还需要一定的可行性和操作性,能得到社会及各有关部门的重视和支持,在研究力量、经费、人员配合、资料提供、被调查者协作等方面能得到较为可靠的保障。

2. 设计阶段

设计阶段主要包括确定调查研究目标、类型方法、调查内容、问卷设计。研究目标要说明选题意义及其研究需要达到什么样的目标。调查方法主要是确定利用何种调查方法去收集数据资料,以及确定调查范围、时间、规模等。在设计阶段,还要事先考虑调查后的资料分析方法。调查内容是设计阶段最终的一环,调查内容要具体化和可操作化,应将所有调查内容细化至调查提纲或问卷。调查内容应与研究方法相结合,要考虑所要调查的内容适合用哪些方法去收集,资料收集后利用何种方法进行分析,等等。

3. 调查阶段

调查阶段主要是调查方法的选择,调查方法包括问卷法、访问法、测验量表法、观察法、实验法、文献法等。这些方法可以相互补充、相互验证,以克服单一方法的局限性。

问卷法与测验量表法多用于收集标准化的定量资料。访问法与观察法则多用于收集非标准化的、无结构的、定性的、开放式的资料信息。实验法作为自然科学的基本方法,反映了科学研究的一般逻辑和设计思想。文献法是自然科学和社会科学最基本的调查方法。

4. 研究阶段

调查阶段获取与收集的原始资料和信息一般是粗糙的、杂乱的，尽管具有一定社会实在性，但不能深刻揭示事物和现象的本质。只有在研究阶段对资料真实性、准确性、完整性进行审查，并对资料进行整理、分类、编辑、汇总等，才能使其条理化、逻辑化、系统化。在此基础上，对整理汇总过的资料进行系统分析。该过程是对调查资料信息本质特征、属性、功能结构、规律机制的系统揭示，能够检验假设和理论。通过资料分析，研究者就可将认识从具体提高到抽象、从个别提高到一般，并从中发现新问题、提出新假设。

5. 总结阶段

总结阶段主要根据研究阶段的资料分析结果撰写调查报告、分析报告、总结报告。其中，总结报告要着重说明调查结果和研究结论，并对研究过程、调查方法、主要调查结果进行系统的阐述和说明。同时，调查报告要客观说明研究在调查阶段、研究阶段存在的问题，以及下一步需要补充和更新的事宜，要特别强调该研究结果是否达到选题阶段的研究目标。

社会调查方法是冰冻圈及其影响区人文社会学研究的有效手段，已在北极地区、我国青藏高原和西北地区有过成功的尝试。

3.2　人地系统近、远程耦合

多圈层相互作用同时体现在近程和远程两个方面。近程耦合是指系统内部之间的非线性耦合关系，在人地系统中主要强调其空间上的一致性，系统之间在同一空间中相互影响和相互作用。近程耦合往往表现在封闭系统中，着重于研究系统内部各要素之间的关系，而忽略其空间上的外延性。远程耦合指系统与外部系统之间的非线性耦合关系，在人地系统中强调各系统空间的异地性，它们在不同空间之间相互作用和相互影响。需要强调的是，近程耦合和远程耦合也是相对的，这取决于对系统本身的定义。下文主要针对远程耦合做进一步解释。

如图 3.2 所示，自然系统之间的远距离交互作用一般称为远程连接，而人类社会经济系统之间的全球尺度远距离交互作用称为全球化，人地耦合系统之间的远距离相互作用即远程耦合，如贸易、物种入侵、疾病传播、生态系统服务流、移民和旅游等。远程耦合方法的应用有助于全面提高人类系统和自然系统远程相互作用的认识，并从局部到全球的不同层面识别社会经济和资源环境可持续发展的路径。

如图 3.3 所示，远程耦合系统由发送、外溢和接收三个子系统组成，系统之间通过物质流、信息流、能量流等相互联系，任一耦合系统包含三个相关部分：智能体、驱动和影响。每一部分可由多种元素或尺度组成，如个体、家庭、团体、企业等。各系统之间的相互作用由系统内部智能体所主导，或促进或阻止物质流、信息流和能量流

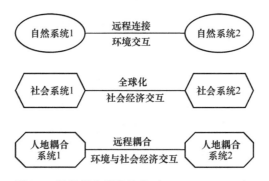

图 3.2 远程耦合系统结构（Liu et al.，2013）

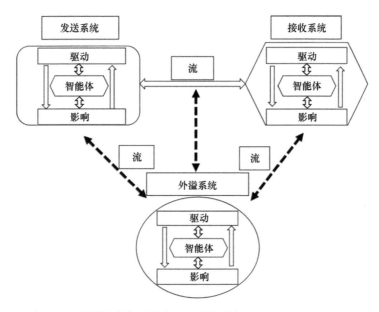

图 3.3 远程耦合框架中的主要相关组成部分（Liu et al.，2013）

在系统之间的传输，这种流可以是单向或双向的。冰冻圈远程耦合系统的一个例子是冰冻圈的径流输出影响中下游的人类活动，人类活动导致的气候变化反之影响冰冻圈融水径流。

远程耦合模型能够为经济资本和自然资本的可持续有效利用提供分析手段，同时远程耦合研究对政策制定具有重要的启示和指导意义。通过远程耦合分析，可以得到远程耦合的时空特征、出现时间、演化和消亡规律，确定远程耦合通过何种措施抵消或增强发送、接收和外溢，厘清它们的协调关系，由此鉴别通过何种方式促进远程耦合系统的可持续发展。分析中涉及政策制定对远程耦合系统的影响以及不同系统之间的统一规划管理，由此可以理解不同政策如何加强远程耦合对可持续发展的积极影响、减少消极影响等。

远程耦合可在多尺度多系统中涉及多个流、多个智能体、多种驱动和多重影响，而且通常跨越行政和政治边界（表 3.1）。近程耦合的人文基础设施被摧毁时，远程耦合系统也可以作为信息流、物质流和能量流的来源。

表 3.1　近程耦合与远程耦合的特征对比

	近程耦合	远程耦合
人类与自然系统耦合的数量	一个	多个
智能体、驱动、影响和流	本地	本地或远程
本地以外可选择的资源	无	有
依赖本地资源的风险	高	低

　　冰冻圈近、远程耦合可以被认为是冰冻圈通过气候、环境、水资源等物质和服务流与异地人类和自然系统之间的相互作用构成的耦合，也可进一步认为冰冻圈及其影响区的人类系统和自然系统通过流的形式与远程其他人类系统和自然系统相互影响。流的形式可以是大气环流、大洋环流、径流、史前病毒释放与传播、能源输送、人口迁徙、贸易、信息交换等。未来需要进一步加强对冰冻圈影响区的人类系统和自然系统远程耦合的研究。

3.3　冰冻圈–社会水文耦合方法

　　冰冻圈水资源是维系干旱区绿洲经济发展和确保寒区生态系统稳定的重要水源保障。气候变化后冰冻圈对下游水资源的调节作用发生改变，表现为积雪和冻土消融提前，冰川融水对径流的补给发生变化，这将导致径流年内分配发生改变，而且将影响未来流域的可利用水资源总量。

　　人类活动的加剧，如人口增长、水利设施修建、土地利用变化等造成的水资源利用的加剧和变化，一方面使水资源供需矛盾增加，另一方面使水文过程发生改变，从而人类活动成为水循环的重要驱动力。人类活动的水文效应具有双向性的特征，人类活动导致水文要素变化，水文要素变化又反过来影响人类的治水和用水，两者互相反馈的特征要求必须开展综合研究，社会水文学正是解决这一问题合适的理论方法。

3.3.1　社会水文学

　　传统水文学是研究地球系统中水文循环过程的时空变化以及水与生态、环境和经济社会之间相互作用的学科，旨在探索和揭示自然界水文现象的规律性，为人类控制洪水与干旱、开发利用水资源、保护生态与环境提供科学基础和技术方法，达到人与自然和谐发展的目的。人类系统对水资源的利用和对地球景观的改造从不同时空尺度影响到地球系统的水文过程，并成为水文过程的一部分。

　　过去两百年来，人类活动逐渐以多种方式对地球系统造成重大影响，人类系统的迅速扩张极其显著，预计 21 世纪末世界人口将增长到 100 亿人左右，人类对地球系统的影响将会更加深远。随气候变化改变的地球系统反过来又对人类系统产生重要反馈。为了维持人类的可持续发展，加强地球–人类系统耦合研究，提出有效的科学策略和手段变得十分必要。国际水文科学协会（International Association of Hydrological Sciences，IAHS） 在 2013 年提出了新一阶段 10 年科学计划——Panta Rhei-Everything Flows（万物皆流，处于变化中的水文科学与社会系统），核心目的是通过将日新月异的人类系统与水文循环的动态演变过程紧密结合，提高对人类活动深刻影响下的水循环的科学理解，保障社会经济和环境可持续发展。加强水和人类相互作用的机制研究成为水文科学发展的迫切需求，于是 Sivapalan 等于 2012 年首次提出了社会水文学的概念，其中人类和人类活动被认为是水循环动力的一部分，其目标是预测人–水耦合系统的动力学过程。

社会水文学为考虑社会水文双向反馈机制，致力于解释、理解和分析人类活动改造的水文循环中的水流、水量等的一门应用导向性学科。其研究目的是理解"人类–水系统耦合的动力过程和协同演变"，为实现水资源可持续利用提供新的研究视角，社会水文学作为一门新兴的水文学交叉学科，是在综合水资源管理、生态水文学以及社会水循环研究的基础上发展起来的。

社会水文学一方面不仅仅考虑人类活动对水循环的影响，同时也考虑水循环变化后人类对自身活动做出的调整；另一方面，定性和定量地考虑经济、环境、制度、政策和意识等诸多社会因子，并将这些社会因子耦合在"人–水"系统中，使它们成为内在的社会驱动力，并通过多学科的交叉来定量研究社会因子。

Sivapalan 提出了社会水文学研究的具体目标：①识别和分析多时空尺度下生物物理和人类系统的基本特征及其相互作用的模式和动力过程；②理解和解释社会水文系统的响应过程，以便预测未来的系统变化（目前的水资源管理方式往往会造成不可持续的结局）；③进一步了解水的文化、社会、经济和政治意义，同时也要理解其生物物理特征并认识到其存在的必要性。

3.3.2 社会水文学耦合模型

国内外对社会水文学的研究提出了丰富的理论框架与研究方法。而模型模拟具有一系列的优势，如有利于系统理解、可以对未来进行预估、为政策决策提供支持等。社会水文学应用的传统模型方法主要包括以下几种：系统动力学模型（system dynamics model，SDM）、贝叶斯网络（Bayesian network，BN）、耦合组件模型（coupled-component model，CCM）、基于主体模型（agent-based model，ABM）、面向模式模型（pattern-oriented model，POM）、基于情景模型（scenario-based model，SBM）和基于知识模型（knowledge-based model，KBM）。基于模型构建者对系统的认识和研究视角，一般将模型分为"自上而下"模型和"自下而上"模型，它们的主要区别在于从个体过程到系统演进的逻辑视角不同，如"自下而上"模型以构建系统中某个个体的属性或物理规律为基础，然后再从宏观上分析这些个体基于自身属性和外部驱动影响下的变化过程。

社会水文学模型是新型的交叉型学科方法，对于水文–社会系统的认识大多基于研究者对系统领域的理解形成，所以此类模型中"自上而下"模型较多，研究者需要针对研究的不同系统之间的关联性建立系统之间的主要关系，然后剖析系统内部子系统之间及与外部子系统之间的因果关系，最后将整个系统整合起来分析，依此达到剖析整个耦合系统的目的。例如，沧州历史时期人类–地下水系统耦合关系的研究中运用太极模型，其将系统关系分为五个阶段，每个阶段系统又具有不同的状态，分别是自然阶段、开发阶段、破坏和恢复阶段、恶化阶段、平衡阶段。研究认为，随着大量严格的水资源管理策略的实施，地下水恢复能够得以实现，但是外部环境的影响仍然是系统状态的决定性因素。

总体而言，当前的社会水文学研究方法在水循环方面较为粗糙，和冰冻圈水资源的结合并不多见，并且在社会变量的定量化描述上存在不足。耦合传统水文学中的水文过程模拟，采用不同学科的研究方法和理论，对社会因子进行更好的定量刻画，增强模型中社会部分方程的机理性和参数的物理性，能有效丰富社会水文学的机理性，并提高模型的模拟和预测能力。

3.3.3 社会水文学耦合模型在冰冻圈的应用

总的来说，社会水文学模型在冰冻圈的应用较少，主要是由于模型变量与冰冻圈要素的关联不够深入。我国首先在塔里木河流域开展了相关研究，Liu 等（2013）采用水文、生态、经济和社会等子系统的代用指标，定量分析了塔里木河流域社会水文系统的协同演化的动力系统，并提出了太极模型。李曼等（2015）在疏勒河流域建立系统动力学模型，并对径流量与绿洲面积、农业产值及生态效益的关系进行了研究，以下就这一案例进行详细阐述。

疏勒河发源于中国青海省境内祁连山西段的疏勒南山和托勒南山之间，河长 670km，多年平均径流量为 $10.31 \times 10^8 m^3$。河流上游分布有大陆性冰川，其是流域水资源涵养区和产流区，中下游绿洲以灌溉农业为主，灌溉农业是主要的耗水部门，主要种植春小麦、玉米、棉花和瓜类。研究的目标是探讨气候变化背景下疏勒河径流量对绿洲的影响。

针对提出的科学问题和研究目标，选用合适的建模方法后，需要对于系统结构建立系统变量和变量之间的关系，同时确定模型、输出和中间变量。该案例输入变量见表 3.2。

表 3.2 社会水文学之间的变量关系举例

变量	数据来源
径流量	1954～2010 年出山口径流量观测数据
灌区供水量	2000～2010 年疏勒河流域水资源管理委员会供水数据
农作物种植面积	2000～2010 年甘肃省统计年鉴
种植业产值	农户访谈
作物用水定额	调查
节水效率	水资源管理部门农田节水试验
作物经济收益	《全国农产品成本收益资料汇编》、调查、中国 1996～2011 年消费者物价指数（CPI）

利用 Vensim 软件建立了年尺度的系统动力学模型，模型结构如图 3.4 所示。通过模型结构图可以分析模型变量与变量之间的相互关系，其中关系通过数学公式连接，如用水定额、单位产值、用水分配比例等。模型参数需要调查或者查资料获取，如渠系利用率。模型输出为农业产值和生态产值和其构成的总产值，将 1996～2010 年昌马灌区和双塔灌区种植业产值统计资料与模拟结果进行比较验证，显示 1996 年与 2009 年的模拟误差分别为 4.5% 与 1.9%，说明该模拟在一定程度上能够反映实际情况。

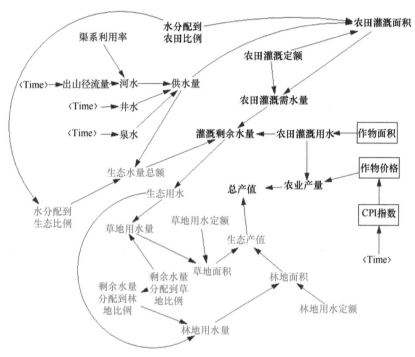

图 3.4 一种刻画水与社会经济系统的系统动力学模型
蓝色变量表示水文部分；绿色变量表示生态部分；黑色变量表示农业部分

对模型进行敏感性分析能够发现系统状态的潜在变化特征，以及影响其变化的因素，从而为决策和优化提供思路。若提高节水效率，生态用水量将增加，生态产值将增加 16%以上，且总产值将增加 1200 万元以上，本书认为，发展高效节水农业是疏勒河流域适应未来径流量变化、维持绿洲社会经济可持续发展的唯一途径。另外，若到 2020 年渠系利用系数从 0.66 增加到 0.7，总产值将增加 5.4%，若渠系利用系数增加到 0.75，总产值将增加 11.83%。

3.4 系统动力学方法

系统动力学（system dynamics，SD）是系统科学与管理科学交叉融合的一门学科，它将系统理论与计算机仿真紧密结合来研究复杂系统的结构与行为，揭示事物发展变化的内因，分析政策的有效性和副作用。

3.4.1 系统动力学模型及其在冰冻圈水文中的应用

系统动力学模型在包括经济、社会和行为学的系统研究中取得了成功的应用。系统动力学能够捕捉复杂系统内多方面相互作用的关系，反映建模者对真实系统的理解并揭示系统的变化，耦合不同时空尺度分辨率和不同时空尺度过程，并且能够灵活地结合其他模型（如基于主体模型和随机模型等）。基于强调系统相互作用和对系统的整体理解，系统动力学模型能够揭示宏观尺度下的非线性特征、突变、交叉尺度相互作用。这些特征使系统动力学模型成为耦合地球–人类系统多尺度研究的有效工具。最后，系统动力学模型通过系统变量之间的反馈作用来描述系统相互影响的特征，这和社会水文学强调的双向反馈紧密贴合，从而使该方法在社会水文学的研究中得到普遍应用。

早在 20 世纪 70 年代，《增长的极限》（Meadows et al.，1972）以系统动力学为基础，在考察了加速工业化、快速的人口增长、普遍的营养不良、不可再生资源的消耗以及恶化的环境五种全球趋势后指出，如果这个趋势不加以遏制，"这个行星上增长的极限有朝一日将在今后 100 年中发生，最可能的结果将是人口和工业生产力双方有相当突然的和不可控制的衰退"。自社会水文学概念普及以来，系统动力学方法得到了广泛的应用，并取得了大量的成果。

系统动力学认为，系统由单元、单元的运动和信息组成。单元是系统存在的现实基础，而信息的反馈作用是单元运动的根源。系统的基本结构是反馈回路，反馈回路决定了系统的动态行为。系统的单元由状态变量表示，它是一个存量方程或积累量方程，它的变化由它的输入和输出流率所决定。如果将地下水当作一个黑箱，那么地下水存量就是一个状态变量，它由地表水对地下水的补给和它对河流的补给，以及人类开采所决定。在系统动力学模型中，它可以用图 3.5 简化表示。

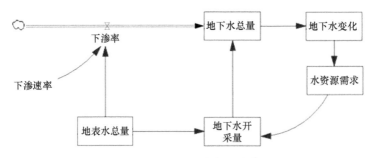

图 3.5　地下水总量变化反馈模型

其中，下渗率是速率变量，表示地表水对地下水的下渗补给。水资源需求由社会发展需水所决定，通过地表水资源和地下水资源满足其供应，当地下水开采过量时，将对生态及用水安全造成威胁，人类会对地下水的变化采取应对措施，如减少水资源需求量，从而减少地下水的开采量，使地下水总量回到一个安全的水平，这个反馈过程会使系统回到一个稳定、可持续的系统状态。

系统动力学应用于冰冻圈人文社会方面尚无典型例子可举。在此，我们不妨仍以融水和社会经济为例介绍该方法，未来冰冻圈社会水文研究也可以以此为借鉴。Di Baldassarre 等（2013）建立了一个简单的动力模型来模拟水文和社会过程间的相关关系和反馈，并将其运用到人类–洪水系统，探索系统是如何改变个体行为的，如科技发展等。该模型将经济、政策、水文、科技和社会敏感性等子系统的代用指标作为参数，其模拟结果能够模拟洪水和人类之间的相互影响及它们之间的典型模式，当建立防洪堤时，虽然减少了洪水发生频率，但是同样使水位升高，这将导致更多的防洪社会需求，最终洪水事件虽然减少，但是将发生较少的大型灾难。随后数个研究在该模型的基础上进行了优化改进，添加了水文资料输入的随机过程、优化参数系统和简化模型结构。Kandasamy 等（2014）通过系统动力学模型研究了澳大利亚 Murrumbidgee 流域人–水协同演化的过程，随后在该模型基础上将之定量化，考虑了水库库存、耕地面积、人口、生态系统和环境指标等变量，用代替性指标代表经济和政策系统，通过简单的数学模型来模拟复杂的系统过程和突变行为，尤其是环境开发和恢复之间的"钟摆效应"。刘烨和田富强（2016）建立的社会水文耦合模型包含水土政策、灌溉面积、灌溉用水和环境指标等模块，反映了人类政策行为与自然环境变化之间的动态反馈关系，以新疆巴音郭楞蒙古自治州地区 1998~2010 年节水农业发展过程为例，分析不同耗水情景下干旱区节水农业发展特征，研究发现，耕地扩张限制、节水技术推广两种政策对灌溉面积和灌溉效率同时存在加强和削弱的作用，从而共同改变农业灌溉耗水，以此解释了"灌溉效率悖论"。

在缺乏或难以表达事物之间物理基础的情况下，运用系统动力学模型建立相关关系可以解释社会水文学现象。但其同样存在着局限性，系统动力学"自上而下"的模型结构决定了模型从现象推理系统特征的逻辑只能输出确定性的结果，而且社会水文系统内部机制可能随时间发生变化，所以对于社会–水文系统的长期模拟可能存在不确定性。

3.4.2　社会水文学研究中的系统动力学方法应用案例分析

系统动力学模型是"自上而下"的模型结构，它针对不同的科学问题，基于建模者对系统的理解，通过模型模拟以解释某种系统现象，如"钟摆效应""灌溉效率悖论"等，系统动力学模型中的反馈过程是解释系统状态出现"摆动"或"悖论"的有力工具。

这里以刘烨和田富强（2016）的研究为案例，通过系统动力学模型，分析新疆巴音郭楞蒙古自治州地区不同耕地政策情景下，节水农业的发展特征，反映现状的弱耕地限制力度情景的模拟有效地解释了"灌溉效率悖论"现象的发展过程机理。

通过推广应用高效节水灌溉技术，提高水的利用率和生产率，节水农业被认为是实现水土作物资源协调可持续开发利用的重要措施。然而，高效节水灌溉技术的推广应用有时会伴随着用水总量的不减反增，产生"灌溉效率悖论"现象。基于该现象，归本溯源探究其发生的原因可能是节水农业推广中过于重视工程建设，耕地扩张限制政策过于宽松，使得灌溉面积增长速度过快，抵消了节水灌溉的节水效益。基于以上理解建立图 3.6 的模型框架。

将节水灌溉模型分为四个子模块：水土政策调整模块、灌溉面积计算模块、灌溉用水计算模块、环境指标计算模块。各个子模块内部通过一系列的变量或反馈关系构建模块变量内部关系，子模块之间构成一个大的"回路"，从而构建整个农业用水的大系统。

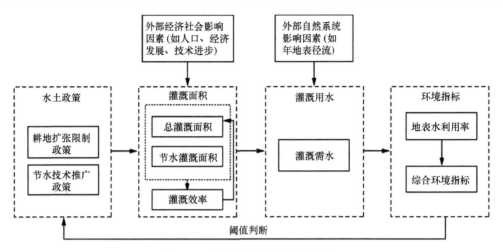

图 3.6　节水灌溉模型框架示意图

模型的水土政策包括耕地扩张限制政策和节水技术推广政策。在两种政策的作用下，耕地用水的累积会对环境造成负面影响，而环境指标的变化反过来对政策调控进行反馈，构成一系列的"环"。政策变量采用结构变量来表示：

$$\frac{\mathrm{d}P_1}{\mathrm{d}t} = \begin{cases} \left[k_1 \times S \times (1-\theta) - \omega - \rho \right] \times P_1 & S \in [0, S_c] \\ (\gamma_1 \times S \times \theta - \rho) \times P_1 & S \in [S_c, +\infty] \end{cases} \tag{3.1}$$

$$\frac{\mathrm{d}P_s}{\mathrm{d}t} = \begin{cases} (k_s \times S \times \theta - \omega - \rho) \times P_s & S \in [0, S_c] \\ (\gamma_s \times S \times (1-\theta) - \rho) \times P_s & S \in [S_c, +\infty] \end{cases} \tag{3.2}$$

式中，S 为环境指标，反映政策决策者对环境状况的主观认知；S_c 为环境指标的安全阈值；k_1、k_s 和 γ_1、γ_s 分别表示小于阈值和大于阈值情况下环境指标对相应政策调整力度的贡献率；θ 为上一期政策偏好参数，反映上一期水土政策变量值间的相对关系；ω、ρ 分别为组织惰性和其他因素（如腐败因素等）导致政策调整力度的损失。组织惰性是指由于不断取得成果而出现维护现有工作模式的倾向，因此其仅在环境状况被认为较好的情况下出现。水土政策偏好参数 θ 的取值与上一期水土政策组合有关，当 $P_1 > P_s$ 时取值为 0，当 $P_1 < P_s$ 时取值为 1，当 $P_1 = P_s$ 时取值为 0.5。

灌溉面积的计算分为总灌溉面积和节水灌溉面积，它们具有不同的灌溉耗水系数。其中，总灌溉面积受人口增长、经济发展和耕地政策的影响；节水灌溉面积受经济发展和节水技术推广政策的影响，并假设总灌溉面积和节水灌溉面积遵循对数增长模式。

总灌溉面积的增长模式如下：

$$\frac{\mathrm{d}P_1}{\mathrm{d}t} = \varphi \times r(H) \times f(P_1) \times L \times (L_M - L) - m_1 \times L \tag{3.3}$$

式中，φ 为总灌溉面积的增长系数；$r(H)$ 表示人口增加的影响，H 为人口增长率；$f(P_1)$ 表示耕地扩张限制政策的严格程度对总灌溉面积增速的影响；L_M 为适宜耕作的灌溉面积，是总灌溉面积的上限；m_1 为总灌溉面积的衰减率，假设不存在衰减的条件下，$m_1 = 0$。

L_M 是随着经济发展和技术进步而动态变化的，假设适宜耕作的灌溉面积在节水农业发展初期遵循指数增长，其公式如下所示：

$$\frac{\mathrm{d}L_M}{\mathrm{d}t} = \mu \times r(E, \eta) \times L_M \tag{3.4}$$

式中，$r(E, \eta)$ 为非农业经济和灌溉效率影响的面积增长系数；E 为非农业经济产出增长率，由于总灌溉面积表示农业经济，因此考虑非农业经济作为外部影响因素；η 为综合灌溉效率，可由式（3.5）获得：

$$\eta = \frac{(L - L_s) \times \eta_g - L_s \times \eta_s}{L} \tag{3.5}$$

式中，η_g 和 η_s 分别为传统灌溉和节水灌溉条件下的综合灌溉水利用系数；L_s 为节水灌溉面积。其中，节水灌溉面积的增长也采用对数增长模型：

$$\frac{\mathrm{d}L_s}{\mathrm{d}t} = \phi \times r(E) \times f(P_s) \times L_s \times (L - L_s) - m_s \times L_s \tag{3.6}$$

式中，ϕ 为传统灌溉面积向节水灌溉面积转化的系数；$r(E)$ 表示非农业经济发展的影响；$f(P_s)$ 表示节水技术推广政策的影响；m_s 为节水灌溉面积的衰减率。研发时段假设节水设施不存在衰减，即 $m_s = 0$。

灌溉用水模块通过灌溉面积与不同类型灌溉用地的耗水系数计算获得。灌溉用水与总灌溉面积呈正相关，与综合灌溉水利用系数呈负相关，灌溉用水方程如下：

$$W_{d,i} = u \times \frac{L_i}{L_{i-1}} \times \frac{\eta_{i-1}}{\eta_i} \times W_{d,i-1} \tag{3.7}$$

式中，u 表示作物结构变化等的影响，假设 u 为常数；i 为时间步长。

环境指标模块根据灌溉用水、灌溉效率等因素构造以地表水利用率为基础的综合环境指标，以反映政策决策者对缺水危机的敏感程度，并以此作为政策调整的定量依据。该综合指标包括两部分：一部分以地表水利用率绝对值为基础，另一部分以地表水利用率增量为基础。

采用地表水利用率表示缺水程度，其公式如下所示：

$$R = \frac{W_d}{W_a} \tag{3.8}$$

式中，W_a 为年地表径流。

环境指标计算如下：

$$S = \max\left[R \times \frac{\eta_{i-1}}{\eta_i} + \lambda \times (R_i - R_{i-1}), 0\right] \tag{3.9}$$

式中，λ 为地表水利用率相对变化值的环境指标转化率。

其他中间变量方程见表 3.3。

模型输入数据为人口、非农业经济插值、年地表径流、灌溉效率等；模型初始节点为 1997 年，L、L_s 和 W_d 初始值设定为 297 亩[①]、5 亩和 32 亿 m³，初始政策变量分别为 $P(1，0)=0.05$ 和 $P(s，0)=0.3$，表示十分宽松的耕地政策下的节水农业发展模式。率定后的模型参数见表 3.4。

_____

① 1 亩≈666.7m²。

表 3.3　模型变量方程

变量	确定方程
$r(H)$	$r(H) = \dfrac{\Delta H}{H}$
$r(E)$	$r(E) = \dfrac{E_i}{E_{i-1}}$
$r(E, \eta)$	$r(E, \eta) = \dfrac{\Delta E}{E} \times \dfrac{\eta_i}{\eta_{i-1}}$
$f(P_1)$	$f(P_1) = 1 - P_1$
$f(P_s)$	$f(P_s) = \dfrac{P_s}{1 - P_s}$

表 3.4　模型参数及数值选定

参数	数值	参数	数值	参数	数值
S_c	0.7	ω	0.1	$\varphi/10^{-4}$ 亩$^{-1}$	0.0066
k_1	0.5	ρ	0.05	$\phi/10^{-4}$ 亩$^{-1}$	0.0033
k_s	0.4	η_g	0.326	u	1.001
γ_1	0.5	η_s	0.65	μ	0.3
γ_s	0.4	L_M/万亩	500	λ	1

模型结果如图 3.7 所示。

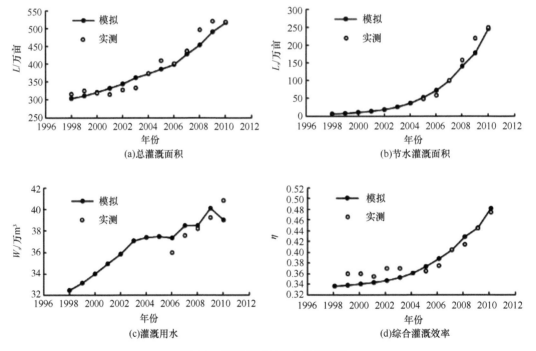

图 3.7　模型模拟结果与实测对比

从图 3.7（b）中可以看出，节水灌溉面积的变化在 2004 年前增长缓慢，同时总灌溉面积上升导致灌溉用水快速增长。2004 年后虽说总灌溉面积持续增长，但是由于节水灌溉技术的推广，灌溉用水增速放缓。可见，总灌溉面积呈现与节水灌溉面积同步的阶段性特征，后期由于总耕地面积增速过快而出现"越节水越缺水"的灌溉悖论现象。

灌溉用水持续增长主要受总灌溉面积增加的影响，从图 3.8 可以看出，耕地限制政策是减少灌溉水的主要政策影响因素。虽说节水技术推广政策持续增加，但是由于耕地扩张限制宽松，节水降低的灌溉水量消耗难以弥补新增加的耕地耗水。

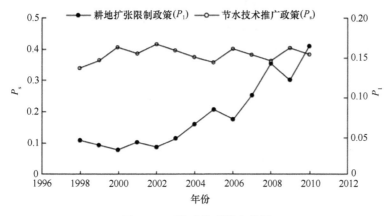

图 3.8 两种政策系数变化图

针对两种不同政策措施对系统耗水的作用，通过敏感性分析可以为政策措施改进提供建议。敏感性分析结果表明，在节水农业发展的初期应当采取适度宽松的初始耕地扩张限制政策，并与节水技术推广政策相协调；过度严格的耕地扩张限制政策虽然可以有效抑制耕地的增速，但同时也会损害农民采用节水技术的积极性，从而导致节水农业的发展缺乏经济驱动而长期处于慢速发展时期。

以上案例是受融水影响的内陆河流域水资源、农业以及节水技术与政策通盘考虑时，探寻最优化的一个典型方法。当然，如果考虑三产结构和生态用水，需要考虑的参数就更多。

3.5 投入产出分析模型

1936 年，有"当代魁奈"之称的美国经济学家、哈佛大学教授沃西里·里昂惕夫（Wassily Leontief, 1906～1999 年）基于魁奈的经济表理论和里昂·瓦尔拉斯的全部均衡理论，在《经济学和统计学评论》上发表了论文《美国经济体系中投入产出的数量关系》，标志着投入产出理论的诞生。1941～1966 年里昂惕夫又陆续发表了一系列利用投入产出分析技术研究美国经济结构的著作，编制了 1919 年、1929 年和 1939 年美国投入产出表，并且详细阐述了投入产出的基本理论，开创了投入产出技术的新纪元，他本人也因此荣获了 1973 年诺贝尔经济学奖。1968 年，联合国统计署将投入产出核算纳入国民经济核算体系（SNA）中，肯定了它在国民经济核算体系中的重要地位，随着投入产出分析理论体系的发展和国民经济核算体系的完善，投入产出表已成为国民经济核算的重要组成部分。

20 世纪 50 年代后期，西方国家逐渐认识到投入产出理论的重要性。目前，世界上已经有 100 多个国家和地区编制了各种类型的投入产出表。20 世纪 60 年代初，在著名经济学家孙冶方的倡导下，我国学者开始研究和探索投入产出理论。1986 年，为加强国民经济宏观调控和管理，提高经济决策的科学性，国务院决定每五年（逢二、逢七年份）进行一次全国投入产出调查和编表工作，每三年编制一次延长表，即以前一次正式表为基础，运用一定的编表方法进行数据修订。

投入产出分析既是一种经济计量分析方法，又是一种系统分析方法，其在经济预测、经济分析、计划制定方面发挥了重要的作用。通过一些假定，把各种经济变量之间的联系都处理成一次函数关系，利用相对稳定的经济参数（系数）建立确定的线性模型，从生产技术的角度出发，描述一个经济系统内部各部门或产品相互联系、相互依存的数量关系。其中，投入是指进行一项活动的消耗，如生产过程的投入是指在进行某项活动时，系统内各部门产品的消耗（中间投入，intermediate input）和初始投入（最初投入，primary input）要素的消耗。产出是指进行一项活动的结果，如生产活动的结果为该系统各部门生产的产品（物质产品和劳务）。

投入产出分析主要通过编制投入产出表及建立相应的数学模型来反映经济系统内各部门（产业）之间的关联依从关系。从社会经济系统和资源的角度入手，联系水文系统和社会系统，构建资源与经济社会的耦合。投入产出表是投入产出分析的数据基础，是根据国民经济各部门生产中的投入来源和使用去向纵横交义组成的一张棋盘式平衡表。传统的投入产出表集合宏观经济数据，以产品的经济用途划分部门，包含各部门的中间使用、最终使用、增加值、总产出和总投入的数据，其基本结构见表 3.5。

表 3.5　价值型投入产出表的基本结构

投入		中间使用	最终使用			总产出
		部门 1 部门 2 … 部门 n	消费	资本形式	净出口	
中间投入	部门 1 部门 2 … 部门 n 合计	I x_{ij}	II Y_i			X_i
增加值 （最初投入）	固定资产折旧 劳动者报酬 生产税净额 营业盈余 合计	III N_j	IV			
总投入		X_j				

1. 第 I 象限

第 I 象限由中间投入和中间使用的交叉部分组成，水平方向和垂直方向上部门的分类方式、部门的数目以及排列顺序完全一致，它们形成一个方阵。

从水平方向上看，它表示某部门的产品用于满足各个部门中间使用的情况，或者说某部门的产品在各个部门间的分配情况；从垂直方向上看，它表示该部门对其他关联部门产品的中间消耗。第 I 象限描述了国民经济各个部门之间的投入产出关系，故称为中间使用矩阵，是投入产出表中最重要的一个象限。表 3.5 中，x_{ij} 表示第 j 个部门对第 i 个部门产品的直接消耗量。

2. 第 II 象限

第 II 象限由中间使用和最终使用两部分组成，是第 I 象限在水平方向上的延伸，称为最终使用矩阵。从水平方向上看，它描述了各部门提供给其他部门使用的产品的种类和数量；从垂直方向上看，它描述了各种最终使用（消费、资本形成和净出口）的部门构成。表 3.5 中，y_i 表示第 i 个部门的产品作为最终使用的数量。

3. 第III象限

第III象限由最初投入即增加值和中间使用两部分交叉组成，是第 I 象限在垂直方向上的延伸，称为最终投入矩阵，又称增加值矩阵，由增加值的构成部分（固定资产折旧、劳动者报酬、生产税净额和营业盈余）组成的行和国民经济 n 个部门组成的列构成。从水平方向上看，它表示增加值各组成部分的数量及部门构成；从垂直方向上看，它表示增加值的数额和构成。表 3.5 中，N_j 表示第 j 个部门的增加值数额。

4. 第IV象限

第IV象限由最初投入即增加值和最终使用两部分交叉组成，由第 II 象限在垂直方向延伸的部分和第III象限在水平方向延伸的部分交叉所得，称为再分配象限。其表示各部门在第III象限提供的最初投入通过资金运动转变为第 II 象限最终需求的转换过程，以反映国民收入再分配的情况。但由于资金运动和再分配的运动过程及机理较为复杂，难以在一个简单的象限中准确、完整地描述出来，因此目前编制的投入产出表一般不考虑该象限。

在以上四个象限中，第 I、第 II 象限组成的横表反映国民经济各部门生产的产品和服务的使用去向，用于研究各经济部门产品的分配和流向。通过表 3.5 中的行、列、总量平衡关系可以建立相关的数学模型。

行平衡关系：中间使用+最终使用=总产出，其数学表达式为

$$\sum_{j=1}^{n} x_{ij} + Y_i = X_i \quad (i = 1, 2, \cdots, n) \tag{3.10}$$

列平衡关系：中间投入+最初投入=总投入，其数学表达式为

$$\sum_{i=1}^{n} x_{ij} + N_j = X_j \quad (i = 1, 2, \cdots, n) \qquad (3.11)$$

总量平衡关系：每个部门的总投入=该部门的总产出，其数学表达式为

$$\sum_{j=1}^{n} X_j = \sum_{i=1}^{n} X_i \quad (i = 1, 2, \cdots, n) \qquad (3.12)$$

当把与各种经济政策有关的某些变量（如价格、劳动报酬、税收等）作为外生控制变量时，利用投入产出模型就能模拟出不同经济政策的实施可能产生的结果，这些结果为制定有关经济政策提供了数据支撑。

随着人口的增长和生产力的发展，资源环境问题日益凸显，越来越多的学者利用投入产出技术研究资源和环境问题，使投入产出分析理论不断得到发展和完善。同样地，投入产出模型在分析冰冻圈变化的社会经济效应中也开始得到重视。投入产出模型在以下三个方面取得了较快发展。

一是在模型方面的拓展，如外生变量的内生化、静态模型向动态模型的延伸、投入产出模型与线性规划模型的结合、消耗系数的改进与预测、地区模型向区域模型的转化等。

二是通过投入产出方法解决资源环境（水资源）与宏观经济相关的诸多问题，即投入产出方法在资源领域的应用，如度量部门用水强度、分析区域产业关联及用水特性、评价水资源政策和用水计划对国民经济的潜在影响等。

三是联系水资源投入产出表、虚拟水、水足迹等理论的投入产出分析，以及与假设抽取法、系统动力学等方法结合的相关分析，其在流域水资源可持续及优化配置、水资源承载力评估方面得到了广泛应用。

3.6 区划理论与方法

与地理学的综合性和区域性内核相对应，区划及其相关研究一直是地理学研究的核心工作和重点领域。以地球表层不同要素的地域分异特征为指导，区划根据地区发展的统一性、范围的完整性和要素的一致性，逐级划分或归并地域单元，其主要涉及分区和分类的协调统一。

3.6.1 区划概述

区划是地理学研究区域的经典方法，近代地理学区域学派创始人赫特纳认为，区划就其概念而言是对区域整体不断进行的空间分解，地理区划就是地表区域不断地被分解为各个部分。区划理论、方法和实践的进展始终与社会经济发展密不可分，其是地理学面向经济建设主战场的重要研究领域，主要为拟定和实施社会经济发展规划及保护、改良和合理利用生态环境提供必要的科学依据。从历史沿革上看，区划研究经历了自然区划优先、生态区划和经济区划并重、功能区划崭露头角三大阶段，从以气候区划、土壤区划、农业区划等为代表的部门区划，到以自然区划、经济区划为代表的综合区划，再

到以主体功能区划为代表的应用区划，深刻反映了农业文明、工业文明和生态文明等不同社会经济发展阶段的特点。国内外区划历史基本经历了从以自然地域为中心的单要素区划演化至兼顾考虑人地关系地域系统多要素区划的历程，综合考虑区域系统的各组成要素、明确各类地域单元的功能地位、因地制宜进行区划成为合理利用资源、规避超载风险的重要途径。从区划方法论上看，随着社会经济的发展，为了针对性地解决区域问题，集成均质区域和功能区域的综合区划成为新时期区划的主流。在此基础上，建立了由区划本体、区划原则、区划等级、区划模型和区划信息系统等构成的多元组式研究范式，从而形成了相对完善的科学研究方法体系（图 3.9）。

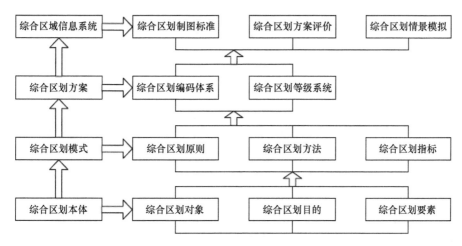

图 3.9　综合区划研究范式

随着对区域发展的认识逐步深化，区划突破地理学范畴，与生态学、环境科学等学科交叉应用明显，区划技术方法日益多样化，区划空间单元及其尺度系列更加完整，区划标准也相应地由单要素向多要素转变，特别是为全球环境变化及响应、塑造区域特色经济、促进区域协调发展等提供科学决策依据。同时，基于一定时间序列生成的平均数据反映人地关系地域系统长期状态的指导思想，其在刻画地域系统动态演化特征上的局限性越来越显著。于是，基于多情景并集成自然与人文因素的综合区划应运而生，其充分考虑经济、社会、生态、文化、技术、制度等共同推进区域系统演化的要素，基于全球升温情景、碳排放情景统筹考虑人地关系地域系统的动态演化特征和人类社会需求的变化，并采用多尺度、多情景、多类型、多层级、多效应来判别其区域差异及识别不同空间的功能特征，其对人地系统和可持续发展研究有重大理论贡献，并可为相关规划及决策提供科学支撑。

3.6.2　区划原则和特点

合理而实用的区划原则是区划成功的关键，结合冰冻圈自然特性，强调冰冻圈功能与服务发生、发展、成因与联系，提出冰冻圈功能与服务综合区划原则。

（1）发生学原则，冰冻圈形成和发育与人类生存息息相关，冰冻圈服务的协同和权衡关系既与自然气候相关联，也与人类活动区域分布相关联。

（2）等级性原则，不同区划层级揭示的区域差异必须一致或者有先后、主次等逻辑关系，从而形成真实反映冰冻圈服务地域分异规律的区划等级系统。

（3）尺度融合原则，以流域分区、行政区划、栅格斑块为主要尺度单元，以城镇分布等点要素、河流等线要素、高寒草地等面要素为跨尺度单元，实现不同空间单元的尺度融合。

（4）相对一致性原则，任一冰冻圈服务区划单元均要求区内相似性尽可能大，区际差异性尽可能大，并按照取大去小的思路将零碎的区域适当就近合并，充分体现地域分异的规律性和整体性。

（5）综合性与主导性原则，全面考虑影响冰冻圈服务地域分异的要素，抓住导致地域分异的主导因素，以使区划成果科学有效。

综合区划应针对多尺度下人文与自然耦合效应的特征、结构、过程、格局等，将人文与自然要素均纳入指标体系。综合区划具有以下三大特点：

（1）综合性。区划单元的空间组织和合理划分必须借助各种定性或定量的技术方法，将自然与人文要素复合的空间分布格局高度综合为多要素影响和多因素制约下形成的综合区划方案，将自然与人文复合系统视作联系紧密的有机整体来探究其内在机理。

（2）集成性。充分集成社会经济与生态环境的多源异构数据，或博采各家所长优化单项服务的评价结果，明晰要素之间的组合形式、空间结构和相互作用，是真实反映地球表层各类活动的基础；充分集成代数、几何、概率等科学语言，并将其应用于地理学的分区与分类实践，有助于解释地理现象的内在机理并提高综合区划的科学性。

（3）应用性。不局限于以现象描述、识别要素空间分异格局为主要目标的传统区划路径，综合区划在此基础上更为注重内在机理解释和优化调控建议，进而使指导要素的空间分布更为有序、合理、高效。

3.6.3　区划方法

表 3.6 汇总了常用的区划方法。在区划方法上，"自上而下"（top-down）的顺序划分法和"自下而上"（bottom-up）的逐级归并法是进行综合区划的基本途径和方法，前者能客观把握和体现自然地域分异的总体规律，适宜确定高、中级区划单位界限，后者则在划分最低级区划单位的基础上对区域进行相似性合并，两种方法的结合成为当前综合区划的趋势。在基本方法的基础上，结合不同的区划目的，可采用不同的定性和定量区划技术。定性划分以专家智能集成为主，包括单要素图叠置法、主体因素法和景观制图法等，可从总体上粗略地把握地域分异规律；定量划分又可分为参数化方法和非参数化方法，前者包括多变量聚类法、主成分分析法、多元线性判别法和矩阵分类法等，后者以人工神经网络模型为主，自组织特征映射（self organizing feature mapping，SOFM）网络模型最为普遍，定量方法可客观、精确地反映区域间的相似性与差异性。跨学科结合的研究方法促使区划研究由单一分析方法转向综合集成模型，同时 GIS、RS、GPS 等现代技术手段的逐步应用，使地理区划从野外调查、信息收集与处理、计算模型、方案

成图等向现代化转变，从而为区域发展演化、地域功能识别、地域分异规律挖掘等研究提供先进的手段。

表 3.6　常用区划方法评述

分区方法	方法评价	
	优点	缺点
专家集成的定性分析法（德尔菲法）	计算量小，适用于对较难定量刻画的区域进行判断	主观性强，依赖专家知识，精度值得商榷
主导因素法	计算量小，对主导因素明显的区域判断较为准确	不能支持全程区划，对主导因素不明确的区域划分不准确
矩阵比较法	统一考虑各类要素的耦合关系，适用范围广	等级判断的阈值设置具有一定主观性，不适用于无明显特征的区域
空间与属性聚类分析法	分区个数与类型可根据研究需要调整，适用范围广	算法既定，分区过程与结果不可控
状态空间分析法	较好地体现区域的相对差异	理想值的设置和整个区域指标的平均值影响区划可靠性
资源环境综合承载力法	较好地衡量区域的相对水平，利于进行纵向对比	其他要素考虑较少，理想承载力阈值设置需反复调试
空间叠置分析法	从空间上统筹考虑各区域各专题要素的特征和差异	对各类基础图件数据要求高，叠置加权规则有时较为主观
逐步归并的模型定量法	加入优化目标，能较好地考虑单元间空间关系，分区过程较为智能	目标函数设置及模型规则构建复杂，数据需求高

　　不同于传统上单纯考虑自然或人文要素的区划研究，也不同于简单地将其中一类要素机械地与另一类要素合并，冰冻圈服务综合区划更需要从方法论上有所突破和有创新性建构，综合有效地运用人文经济地理学与冰冻圈科学等的理论、技术与方法，糅合自然与人文复合系统，以探究整个系统的内在机理，是针对自然与人文复合系统进行区域划分的重要任务与重大需求，其有助于正确辨识冰冻圈服务的区际差异性和区内一致性，为冰冻圈服务的功能供给与社会经济发展需求搭建桥梁，此领域在我国乃至全球尚处于薄弱领域，进而基于冰冻圈服务的协同和权衡关系进行必要的调整和优化，不仅对人地关系地域系统理论和空间治理实践具有重要的科学价值，而且也是直接面向冰冻圈及其影响区可持续发展、生态文明建设等的重要研究领域。

3.7　地缘政治的社会科学方法论

　　地缘政治是一个复杂系统，具备非线性、时间效应和情境性，地理禀赋是地缘政治研究的基础，包括规模、位置与资源等因素，其对国家发展有着深远的影响，因此需要以社会科学方法为基础，结合社会科学研究的因果机制，对地缘政治复杂系统进行分析。

3.7.1　地缘政治的研究范式

地缘政治的研究范式用秦亚青的两个二分法构建，即物质–观念、结构–过程。在物质–观念框架（表 3.7）中，物质层面强调物质因素的主导作用，即地缘政治学中的地理决定论；观念层面强调主观认识地理环境的建构作用。在结构–过程框架中，结构层面强调结构性因素对国家的塑造，过程层面强调具体国家内部的个体与社会化过程对国家发展的作用。例如，鲁道夫·契伦将地缘政治分成国家的空间性（即国家是一种空间现象），以及国家的系统性（即将国家视为更大系统的一部分）进行研究。因此，可以将地缘政治理论范式划分为四种类型，见表 3.7。

表 3.7　地缘政治理论范式

	物质	观念
结构	类型一 传统地缘政治学 （结构现实主义）	类型三 批判地缘政治学 建构主义理论
过程	类型二 政治地理学 地缘行为理论 （新自由制度主义）	类型四 后现代理论 地缘文化理论

这四种类型的理论在特定假设条件下均有一定解释力，并对应四种不同变量：类型一变量包括极数、海/陆国家能力分配；类型二变量包括生存方式、科技水平、制度建设等；类型三变量包括无政府状态的文化；类型四变量包括领土观念、区域文化/文明等。

3.7.2　地缘政治的复杂特性

首先，地缘政治变量之间存在非线性关系。地理禀赋对结构–过程的作用不是单向度的，如国家规模、国家资源、国家位置等要素与国家发展关系是呈非线性的，国家需要在结构和过程两个层面同时成功，即国家具有内部高效的制度和在外部竞争获胜的能力，才能获得成功。在国家规模层面，规模具有正向效应，规模大的国家通常具备抵抗风险的能力和应对外部环境变化的能力，但制度是国家能否发挥规模效应的阻滞因素，如规模过大的国家容易形成内部专制而不利于长期发展；在国家资源层面，资源丰裕的国家通常可以在国际竞争中取得优势，其中国家制度也成为国家资源效应的阻滞因素，如资源过于丰裕的国家容易陷入"资源诅咒"；在国家位置层面，地理位置对国家兴衰具有非线性作用，如国家辐射与扩散能力受空间限制。

其次，地缘政治存在时间效应。在路径依赖效应层面（图 3.10），政治与社会生产存在路径依赖，其原因与结构可能是长期或是短期的，一旦偶然事件、特定行为引入地缘政治行为，政治发展就会被打断，并进一步塑造社会生活。在过程分析中，中介变量是制度，地理禀赋会在制度形成与发展过程中产生影响，初始制度与地理禀赋的叠加会对政治过程产生正反馈效应，形成特定的路径依赖。在结构分析中，领土与资源的变更存在"马太效应"，即领土与资源丰裕的国家会进一步获取更多国际资源，以强化自身实力，而领土与资源匮乏的国家只能在国际社会中获取较少的资源，由此形成两极分化。在循环累积效应层面，结构与过程的自变量与因变量存在累积效应，初始条件所产生的结果会成为下一个阶段的初始条件。因此，讨论国家与地理的机制过程只能截取特定时空，将其既定条件作为初始值进行因果分析。在时间和时序层面，相关变量在地缘政治模型中出现的顺序存在差异时，对国家制度安排就会产生不同的影响。例如，中东石油被发现是在国家建设前，则国家建设将受到石油推动，因此可能产生寻租型政府。再举一个不同的例子是，挪威先是形成宪政制度，后才发现石油，因此石油的发现不会阻碍国家现代化进程。

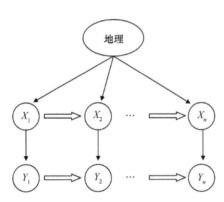

图 3.10　地缘政治的时间与路径依赖

最后，地缘政治存在情境性。国家发展差异会影响国际体系的权力分配，而运输技术与科技水平的发展会影响地理空间的阻滞效应，生产力变化使得国家在不同时期对地理禀赋的界定产生差异，不同时期地缘禀赋对结构与过程的作用也不同，因此要理解地缘政治的发展与变化，就需要从演化视角看待不同时期的结构与过程。例如，农业时期，陆地是国家发展的基础，土地与人口是国家经济增长的动力；工业时期，市场、技术成为国家发展的主要生产方式，工业生产与国际贸易的结合使得殖民与海上通道控制成为大国竞争的重点；后工业化时期，全球空间距离逐步缩小，人力资本取代物质资源成为核心生产要素，科学与研发成为国家发展的关键因素。

3.7.3　因素–机制分析

所谓机制，是指对周而复始的过程进行概念化后的因果联系，其涉及一系列特定初始状态和特定效果相连接的时间，以非线性方式组织，包含内部过程与外部环境。

地缘政治的特定变量是地理位置。地理位置既是地缘政治的解释变量，也是地缘政治的工具变量。当地理位置作为解释变量时，地理变量具有不变性，除非发生能源发现、领土变更、冰川消融等，地理禀赋基本是常量，在某种程度上只能算"半个"变量。当地理位置作为工具变量时，地理因素通过对机制的初始条件产生影响，即不同的初始条件产生不同的路径依赖，进而形成不同结果。对于其他变量的选择，不仅需要增加解释变量格式，也需要考虑不同变量在不同阶段的作用机制。例如，马汉提出了"六要素–海权三环节–国家兴衰"的因素–机制分析，列举了六个因素包括地理位置、自然结构、领土范围、人口、民族特征、政府与国家机构性质对海权的影响；三个环节包括产品、海运、殖民地，这些因素共同作用于海权国家的兴衰。

社会科学分析方法主要通过相似案例比较来接近实验状态，其包括密尔方法、求同法、求异法等。通常地缘政治研究是以大国为样本，因此还需要过程追踪方法来加强模型的解释力，即需要建立具体事实间的过程，通过证明事件 a 导致事件 b，从而推导出事件所代表的类型 A 导致类型 B。求同法即通过最大化差异来求同，认定共同点就是主要原因。例如，在阐述海权的重要性时，通过比较不同时期四个主要霸权国西班牙、荷兰、英国和美国，就能够发现四个国家都参与大西洋贸易，因此认为海权对于大国崛起很重要。但求同法的缺点在于无法说明其他因素、不同因素组合的重要性。求异法即通过最小化差异来求异，在其他原因相同时，认为导致结果不同的差异就是原因，如比较17 世纪英国与荷兰的差异，就能发现地理环境的重要性，两国的共同点包括宪政、产权制度、海军强国、新教伦理，而主要差异为英国是海岛国家而荷兰是大陆濒海国家，这最终导致英国崛起而荷兰衰落。

3.7.4　大数据分析在地缘政治研究中的应用

地缘环境特征和演变规律的研究是认知国际地缘政治态势、实施国家战略的重要科学保障。地缘事件的发生是多种地缘环境要素相互作用、相互影响的结果，分析多维度地缘要素的演变过程是地缘风险模拟与预警的重要依据。基于地缘环境系统理论，利用大数据分析方法，可以发现地缘环境要素之间的复杂关系，从而有助于解决特定的地缘问题[①]。

2012 年，联合国在大数据白皮书《大数据开发：机遇与挑战》中指出，大数据时代将会对国际关系和社会各个领域产生深刻影响。2013 年，牛津大学维克·托迈尔·舍恩伯格教授提出，大数据的井喷式发展正在影响全球的地缘政治和经济版图，大数据会是未来国与国之间博弈的有力筹码。基于密集型数据的大数据分析已成为科学研究，包括地缘环境系统模拟研究的第四范式。地缘环境系统研究的大数据分析包括地缘环境数据融合与知识发现、地缘环境可视化表达、地缘事件预测性分析等。短短几年来，大数据分析与大数据预测方法在地缘环境系统研究领域已经取得了令人瞩目的成果。例如，德国经济学家 Manuel Funke、Moritz Schularik 和 Christoph Trebesch 基于 100 起

---

① 大数据分析与地缘环境格局演变. 科技导报. 2018 年 2 月 13 日.

金融危机数据，与西方 20 个国家（地区） 过去 140 余年中的 800 多次选举情况进行关联分析。结果表明，平均而言，金融危机后政治会急转向右，极右翼政党的选票会增加 30%左右（葛全胜等，2017）。

　　大数据分析在冰冻圈地缘政治研究中尚未见实例，但值得尝试和深入探讨。

思 考 题

1. 针对冰冻圈变化感知与适应，尝试设计社会调查表。
2. 尝试建立社会水文学模型结构图，指出模型中的"环"，并解释反馈过程。
3. 试举冰冻圈变化及其影响的近、远程耦合的典型案例。

第4章

冰冻圈功能和服务

　　冰冻圈功能和服务是中国科学家率先提出的冰冻圈以致利影响为主线的重要内容，其近年来在国内外学术界引起了广泛关注。本章首先阐明冰冻圈功能和服务的概念及其与人类福祉的关系，然后在阐述冰冻圈服务分类原则的基础上提出冰冻圈功能和服务分类体系。其次，列举全球各类功能和服务的相关科学事实，并进一步说明冰冻圈服务与人类福祉之间的关系。由于冰冻圈服务与已有的生态系统服务密切关联，因此本章最后对冰冻圈服务与生态系统服务之间的关系进行了进一步解释。

4.1　冰冻圈功能和服务的基本概念

　　冰冻圈服务指冰冻圈能够为人类社会提供的各种惠益。冰冻圈功能作为冰冻圈对人类社会经济提供服务的基础，是冰冻圈自身环境特性与冰冻圈独特的结构和过程综合作用的结果（图4.1）。水体处于冻结状态是冰冻圈区别于其他圈层或其他环境要素的主要特性；冰冻圈过程反映了冰冻圈自身变化及其与其他圈层的相互作用。冰冻圈初级功能包括能量转换、物质（尤其是水体）储存与迁移、承载、天然冷能储存与释放，以及地表侵蚀或固结等内容，这些功能独立存在于自然界中，均为冰冻圈的自然属性。从冰冻圈功能到冰冻圈服务不但是研究视角的变化，而且研究对象也从自然界跨越到与人类社会经济的关联方面。具体而言，冰冻圈服务是在冰冻圈功能的基础上，赋予人类需求和价值取向，即冰冻圈满足人类物质或精神需要并为人类福祉做出各种贡献，其侧重于冰冻圈影响的致利方面。

　　冰冻圈服务包括供给、调节、文化和支持等多种类型，各类服务直接对应的功能基础（即供给、调节、文化和支持等功能）可视为冰冻圈的高级功能，其与服务形成一一对应的关系，而且是多个基础功能综合作用的结果。所以，冰冻圈基础功能与冰冻圈服务及其直接对应功能之间也不只存在一对一的关系，更多是多对一甚至一对多的关系（图4.1）。

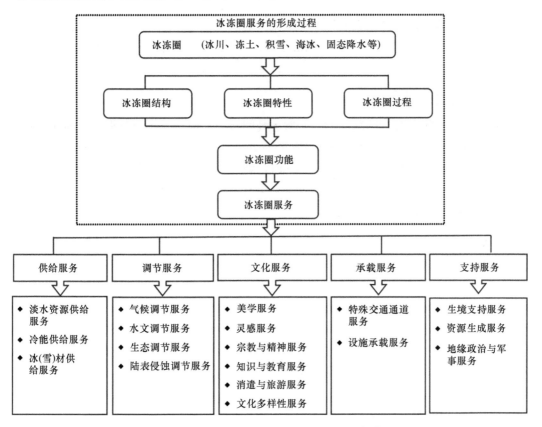

图 4.1　冰冻圈服务的形成过程及分类体系

4.2　冰冻圈服务分类体系

冰冻圈服务分类体系的建立首先必须以深入理解冰冻圈服务形成的功能基础及其对人类福祉的影响为前提。本节对冰冻圈服务分类的原则进行阐述，并提出冰冻圈服务分类体系。

4.2.1　冰冻圈服务分类体系构建原则

以往在生态系统服务的分类中，由于对服务实体的认识存在很大差异，可从完全的自然功能范畴跨越人类实际的收益，因此给生态系统服务理论的认识以及实践应用造成了一定困惑。如果对中间过程和终端服务不加以区别，可能会引起服务价值核算的重复现象；但如果只注重服务的最终收益，也可能会忽视或贬低一些潜在的服务或间接贡献。鉴于此，应考虑冰冻圈服务的实际，在分类中坚持以下视角和原则。

1. 特殊生态系统视角

冰冻圈是广义生态系统的重要组成部分，是支持生态系统和人类社会形成并持续发展的基础环境要素，也是生态系统服务健康发展的重要内涵。但是在以往生态系统服务研究中，关于冰冻圈对人类福祉的贡献远远没有得到重视和深入研究。鉴于此，在对冰冻圈服务进行分类的过程中应该将其看作特殊的生态系统服务类型。

2. 系统性原则

相比生态系统服务，冰冻圈的一些服务是间接的，但又是不容忽视的。因此，就冰冻圈服务分类而言，首先力求全面考虑冰冻圈对人类福祉的所有（包括潜在的、间接的）贡献，并做到对古往今来全面覆盖。但同时，通过充分了解从服务供给到消费的过程，坚持区别中间过程与终端服务，从而做到不重复分类也能客观反映实际贡献。

3. 可持续性原则

就有些冰冻圈服务而言，如冻土工程服役，其对人类的贡献是以巨大的社会经济投入为代价的。如果没有冻土工程服役这种冰冻圈承载服务，人类可能还会以较小的投入获得很大收益。但是，没有或只有少量冰冻圈存在的地球显然是不可持续的。所以，在讨论冰冻圈服务时，尤其在全球变暖背景下，我们必须站在人类自身的立场上，重视当下的可持续发展，即必须坚持可持续性原则。随着全球变暖，如果冻土彻底消融，交通设施修建在非冻土之上也许比修建在冻土之上更稳固，但是这显然不符合可持续性原则，所以我们对冻土的承载服务也不容忽视。

4.2.2　冰冻圈服务分类结果

冰冻圈服务形成有三个途径：第一，冰冻圈自身能够为人类社会提供一些产品或服务，包括供给服务、承载服务和文化服务；第二，冰冻圈通过与其他圈层相互作用，进而为人类提供各类调节服务；第三，冰冻圈通过支持或主导特殊环境（包括生物生长环境、资源生成环境、地缘政治环境等）的形成，进而为人类福祉做出贡献，即支持服务。基于对冰冻圈服务形成过程及其对人类福祉的影响过程的认识，以及对冰冻圈服务分类原则的探讨，冰冻圈服务分为供给服务、调节服务、文化服务、承载服务和支持服务五大类以及淡水资源供给服务等18个亚类（图4.1），由此，把各服务类型相应的功能基础也可进一步分为供给功能、调节功能、文化功能、承载功能和支持功能以及若干功能亚类。服务形成的功能基础及其可为人类社会提供的惠益汇总见表4.1。

表 4.1　冰冻圈服务形成的功能基础及其给人类社会带来的惠益

冰冻圈服务		冰冻圈功能	人类收益（举例）
一级分类	二级分类		
	淡水资源供给服务	淡水储存（天然"水库"）和供给	农业灌溉；畜牧业生产；工业用水；日常生活用水；海滨养鱼；高山水电；改良土壤；改善生态环境
供给服务	冷能供给服务	巨大冷储，天然冷能	历史时期酷暑降温、制作冷食、食品冷藏、特殊病症治疗等；当今为植物种子库提供天然冷能等
	冰（雪）材供给服务	特定物理特性（固态、透明等）	修建冰屋；用冰取火；等等

续表

冰冻圈服务		冰冻圈功能	人类收益（举例）
一级分类	二级分类		
调节服务	气候调节服务	天气气候过程调节	营造宜人的气候环境等
	径流调节服务	调节径流量	降低水资源管理成本等
	生态调节服务	水热调节，水源涵养	提高高寒地区土地生产力所带来的收益等
	陆表侵蚀调节服务	侵蚀陆表或保护陆表	助力形成高山下游区域优良的生产生活环境；海岸带设施和财产的保护
文化服务	美学服务	提供非商业用途的独特景观	审美和愉悦、缓解生活压力等
	灵感服务	提供非商业用途的独特景观	文艺创作（如文学作品、摄影和绘画）和科技创新等
	宗教与精神服务	提供非商业用途的独特景观	归属感与文化认同；情感和心灵寄托等
	知识与教育服务	提供非商业用途的独特景观	科学研究；传统知识；科普教育等
	消遣与旅游服务	提供消遣活动所需的景观和场所	观光旅游；滑雪/冰运动；探险旅游；文化旅游等
	文化多样性服务	造就独特的生态环境	丰富人类文化多样性
承载服务	特殊交通通道服务	天然固体冻结支撑交通或形成"陆桥"	早期人类跨洲迁徙；寒区局地人畜和车辆通行等
	设施承载服务	固体冻结物、承载基础设施	寒区生活建筑、钻探、考察站等基础设施的安放，输油管道和道路工程的运行
支持服务	生境支持服务	高寒地区生物生长的主导环境要素	提供药材、牧草、水产和种质等生物资源和食物等
	资源生成服务	特殊自然资源形成的重要环境条件	天然气水合物、风能、温差发电能等
	地缘政治和军事服务	可隐蔽的特殊环境	为人类实现特定政治和军事目的提供环境屏障

4.3　冰冻圈供给服务

　　冰冻圈供给服务是指冰冻圈本身能够给人类提供的各种产品或服务，可分为淡水资源供给服务、冷能供给服务和冰（雪）材供给服务。

4.3.1　淡水资源供给服务

　　冰冻圈是固态水库，全球75%的淡水储存于此。虽然南极冰盖和格陵兰冰盖中极丰富的淡水资源在当前尚不能被人类利用，但是冰冻圈一直是人类重要的淡水源地。在冰冻圈各要素中，冰川和积雪是最重要的冰冻圈水资源。联合国政府间气候变化专门委员会第五次评估报告（IPCC AR5）估计全球山地冰川储量为114~192Tt，其融水影响的流域面积可占到全球陆地面积的26%，影响的人口约为世界人口的1/3。而降雪作为春季径流的主要补给来源，全球陆地每年从降雪获得的淡水补给量达到$5.95\times10^{12}m^3$，其保障着全球12亿人口的农业发展和日常生活用水。冰冻圈融水能够提供生态用水，用于农业灌溉、畜牧业生产、居民生活用水，在一些区域还提供了淡水用于发展海滨渔业；冰冻圈作用的高山地区，河道通常落差较大，水量较多且水流急湍，因而利用冰冻圈融水还可以大力发展高山水电，其以绿色环保的方式满足着相当比重的区域社会经济用电需求。

在以青藏高原为核心的亚洲高海拔地区，冰冻圈极为发育，是中华文明、印度文明以及两河文明的长江、黄河、恒河、印度河、底格里斯河和幼发拉底河等亚洲大江大河的发源地，冰冻圈水资源对区域可持续发展至关重要。尤其对干旱内陆绿洲地区（如中国新疆以及甘肃河西走廊）来说，冰雪融水是当地社会经济发展的"生命线"。研究表明，高亚洲地区超过 8 亿人的生产生活用水与冰川融水休戚相关，而仅仅夏季提供的融水就可以满足 1.36 亿人每年的基本生活需求。丰富的冰雪资源与极大的地形比降也使得该区域水电开发潜力巨大，已有研究表明，高山水电分别占到巴基斯坦、尼泊尔和塔吉克斯坦电力的 1/3、9/10 和 2/3，并提供了不丹国民收入的 1/4。

在欧洲，阿尔卑斯山是欧洲 Danube、Rhine、Rhone 和 Po 四大流域的水塔，其产水量可分别占到流域总流量的 26%、34%、41% 和 53%；而其生成的高山水电容量（2009 年数据）在德国和斯洛文尼亚均超过了 400MW，在意大利和奥地利则超过了 2900MW，而在瑞士达到 11000MW 以上（占到瑞士总用电量的 75%）；斯堪的纳维亚山脉冰雪融水对区域（尤其是挪威）生产生活用水也做出重要贡献，已有对挪威西部冰川流域的水量来源模拟表明，在冰川覆盖率达到 50% 以上的流域，冰雪融水可占到流域年径流量的 60% 以上，挪威 15% 的电力能源也来源于此。

在北美西部山区，如美国怀俄明州作物在生长季节严重依赖冰川融水提供的稳定水源，冰川融水支持着 8 亿美元的养牛产业；胡德河（Hood River）流域冰川融水占到上游流量的 41%~73%，对当地农业灌溉具有重要贡献；在阿拉斯加海湾区，冰川融水补给可占到整个径流量的 47%；加拿大阿尔伯塔省的农业生产也严重依赖落基山脉的佩托冰川（Peyto Glacier）及其邻近冰川的融水滋养。

在南美洲安第斯山脉地区，大多城市位于海拔 2500m 以上，气候干旱，冰川融水成为重要的生产生活用水来源。在厄瓜多尔基多（人口约 200 万人），Antizana 和 Cotopaxi 冰川供应了相当一部分饮用水；而玻利维亚西部的拉巴斯和埃尔阿尔托，230 万人依赖于从冰川获得的 30%~40% 的饮用水；桑塔河旱季排放量的 40% 来自冰川融水；在秘鲁的圣河流域，高达 66% 的旱季径流由冰川径流组成，从而为大规模的农业灌溉提供了大量水源。安第斯山脉毗邻国家也高度依赖高山水电，其中厄瓜多尔水电占总能源的 50% 以上，秘鲁占到约 80%。

在北极地区，冰雪融水更是广泛用于生活用水，在环北极部分地区，冰雪融水还用于农业灌溉和发展水电。冰雪融水还因较少被污染并富含人体所需矿物质和微量元素在全球逐渐被大力开发为矿泉水销售市场，形成了包括法国 Evian 矿泉水、瑞士 Heidiland 矿泉水、美国阿拉斯加冰川水、加拿大 Eska 冰川水、中国 5100 西藏冰川矿泉水和昆仑山矿泉水等在内的多个品牌，深受顾客青睐。特别地，由于中国渤海海冰储量丰富、盐度低，海冰淡化较海水淡化开发利用的条件优越，因而被开采试验利用于环渤海地区盐碱地灌溉和土壤改良。

4.3.2 冷能供给服务

在历史时期，冰冻圈的天然冷能资源被广泛开发利用。人们在寒冬时节采集冰块，并加以储藏，可在热夏用于各种生活需要，如用于降低室内温度（纳凉），或用于食物、酒浆等防腐，分别起到"空调"或"冰箱"的作用；天然冰块还被用于制作冷饮冷食，甚至用于尸体防腐和某些病症治疗。

现今较高的社会发展水平已经可以满足人们对冷能和冷藏的一定需求，但是由于冰冻圈（主要是极地区域和高山地区）的天然冷能资源异常丰富，且开发成本较低，因此从需求来看，冰冻圈具有很大的冷能供给和冷藏服务潜力。一个生动的例子：为了应对气候变化以及核战争等地球的毁灭性灾难，挪威政府于 2008 年在北极地区的斯瓦尔巴群岛建成了著名的"世界末日种子库"（The Svalbard Doomsday Seed Vault）。该种子库就采用了天然深度冷冻的方式，可储存 450 万种约 22.5 亿颗主要农作物的种子样本，对保护全球农作物多样性具有重大意义。还有美国明尼苏达州国际瀑布城气温常在−30℃以下，但当地政府在这里拨款建立了寒区气候资源开发利用中心，美国通用和福特汽车公司都在这里建立了以制造适合高寒地区汽车的试验场。

4.3.3 冰（雪）材供给服务

在特定时期或特定区域，人们从冰冻圈直接获取冰雪原料，并经过加工后满足一定生产生活需要。最典型的莫过于北极（分布在北极圈内的格陵兰岛、美国的阿拉斯加州和加拿大的北冰洋沿岸）的因纽特人世代在茫茫雪原上就地利用冰雪原料修建冰屋。冰屋全部用冰雪垒成，并充分利用了空气对流和辐射原理，这对北极原住民取暖生存至关重要。

例如，在高寒地区，人们还曾经利用天然形成或打磨形成的天然冰作为"凸透镜"来取火，不过该服务发生在特定时期，受益群体相对要小。还有因为水结成冰后体积会增大 10%左右，能够产生巨大的膨胀力，所以美国和加拿大等国巧妙地利用水结成冰的张力开山采石，与爆破法相比，这种方法既经济又安全。

4.4 冰冻圈调节服务

冰冻圈调节服务是指人类从冰冻圈过程和功能的调节作用中获得的惠益。人类可从冰冻圈气候调节、径流调节、生态调节以及陆表侵蚀调节中获取众多物质性或非物质性收益。

4.4.1 气候调节服务

冰冻圈对气候起着重要的反馈和调节作用，从而在形成适宜人居环境中扮演着重要角色。冰冻圈主要通过其巨大冷储和相变潜热、高反照率、低导热率、驱动海洋环流和温室气体碳源汇效应等功能和过程在不同时空尺度上对气候进行调节。

雪和冰具有高反照率、强热辐射和高绝热性能。雪冰表面对太阳辐射的反照率一是量值大，二是变幅宽。例如，一般新雪或紧密而干洁的雪面反照率可达86%～95%；而有孔隙和湿雪的反照率可降至45%左右，随着雪的老化和污化，雪面反照率可进一步降低至30%左右。陆地冰川的反照率与雪面相近，海冰表面反照率为40%～65%。雪冰的相变潜热很大，固-液之间达334×10^3J/kg，固-气之间则高达2830×10^3J/kg。地球表面有大范围的冰雪覆盖，导致地球上每年到达地面的太阳辐射能大约有30%消耗于冰冻圈中，冰雪致冷效应形成重要的气候调节功能。冰雪的存在改变了气候系统中下垫面的热力学特征，使其下垫面与大气间的辐射和湍流交换具有与其他下垫面极大的不同，从而形成了其表面独特的能量平衡过程。从地球长期气候演化历史看，某一时段全球陆地的总冰量是气候系统内部重要的强迫因子，其对全球气候的调制作用仅次于轨道因子。

4.4.2　径流调节服务

山地或高原的冰川、积雪和冻土以固态水转化为液态水的方式形成水源，释放积累的水量，具有"削峰补枯"的独特功能。这种天然性径流调节，维持了流域年内和年际径流的相对稳定，从而为区域水资源的利用和管理带来了极大的方便，这尤其对干旱区以及干旱年份的水资源利用十分有利。有研究发现，虽然高亚洲冰川对其作用流域径流的平均贡献仅为0.1%～3.0%，但在干旱年份，冰川融水对径流具有重要的补给作用，甚至在极干旱年份，冰川融水在印度河等流域占据着主导作用；积雪主要在春季补给河流，尤其在干旱区，积雪是缓解春旱的重要水资源，对区域农业生产具有重要意义；季节性冻土的冻融变化，在春末夏初可以提高径流，但到秋季便又开始滞留大气降水，从而提高流域的蓄水量；而多年冻土的不透水性作用，使得融雪水和降雨的大部分变成直接径流，但使得冬季地下水对径流补给作用很小，甚至无补给；同时，多年冻土还以地下冰的形式在世纪、千年尺度上截留一定量的水资源，当冻土退化时，这部分水资源又被释放。

4.4.3　生态调节服务

冰冻圈具有重要的水源涵养和水热调节功能，其对生态系统具有重要的调节作用，尤其是冻土，其因巨大的水热效应，对植被种类、群落的组成与结构及其分布格局等具有重要的调节作用，对动物、微生物的分布模式也产生重大影响。

多年冻土具有不透水性，能够阻止活动层内地下水下渗，从而有利于冻土活动层内水分的保持，在一定程度上，多年冻土区活动层厚度变化引起的水分变化决定了地表生态系统类型。在北极北部的苔原带，不规则多边形的苔原及其相应植被以及多边形湿地的形成被认为与下伏冻土性质密切相关。然而，多年冻土带的融化已使一些地区的湖泊和湿地干枯，并在其他地区又形成新的湿地；在青藏高原，自昆仑山到唐古拉山一带及其以西的广大区域，由于冻土的生态调节作用，发育了大面积的高寒草甸和高寒湿地生态系统，若无冻土的生态调节作用，将只能发育荒漠生态系统。但是研究表明，20 世纪 60 年代至 21 世纪初，伴随着冻土退化，该区域高寒沼泽湿地萎缩 25.6%，高寒草甸覆盖度和生产力下降，沙漠化面积增加 17.2%。

积雪作为优良的隔热体，对地表具有保温作用，可以防止土壤过度降温，积雪深度的分布也常常控制着冻土带的分布。其对植被类型和分布以及许多动植物的冬季生存环境具有重要影响，因而也具有重要的生态调节作用。在北半球高山带和北极地区，积雪厚度、积雪融化时间等不仅决定了植被类型及其群落组成，而且也对植物的生态特性起着关键作用。对于北方大部分植被而言，积雪总体上有利于增加其生物量和生长量，但存在阈值。积雪变化对陆地生态系统将产生重大影响，包括动物种群、植被群落的结构和生长季等。

生态调节服务基于冰冻圈水热调节或水源涵养功能，通过维持高寒地区土地生产力或生物量，对改善当地社区生计、促进社会经济可持续发展做出重要贡献。

海冰作为诸多微生物尤其浮游微生物的栖息地，海冰的生消变化也对海洋生物（链）具有重要的调节作用。但此处不作为重点介绍，详见后文"生境支持服务"。

4.4.4　陆表侵蚀调节服务

冰冻圈陆表侵蚀调节服务指冰冻圈通过陆表侵蚀或抑制陆表被侵蚀（即地表保护），从而对人类福祉做出直接或间接贡献。

第一，冰冻圈或冻结于地表或覆盖在地表岩层之上，从而形成保护地表免受风、水等外力侵蚀的屏障。尤其在高纬度沿海地区，冻土维持着土壤的稳定，海冰抑制了海浪对海岸的冲刷，对海岸带具有重要的保护作用，从而对维护沿海社会经济资产和区域可持续发展起到重要作用。

第二，冰冻圈作为侵蚀地表的主要营力之一，在冰冻圈作用的山区，冰冻圈与冰冻圈融水侵蚀形成的砾石泥沙被冲出峡谷后不断在山前平坦低地沉积，为形成山前肥沃的冲积扇、绿洲或平原提供重要的物质来源（包括土壤颗粒物和营养物质），从而为区域人类生产生活营造优良的环境。冰冻圈侵蚀堆积在全球冰冻圈作用的山前地带应该均有体现，但该服务对人类福祉的影响是一个漫长的过程。

4.5　冰冻圈文化服务

冰冻圈文化服务指人类能够从冰冻圈中获得的精神满足、发展认知、思考、消遣、美感体验等非物质性收益。冰冻圈文化服务可进一步分为美学服务、灵感服务、宗教与精神服务、知识与教育服务、消遣与旅游服务以及文化多样性服务六个子类。

4.5.1　美学服务

自然环境是人类审美愉悦的重要来源，为缓解人类生活压力、增强人们精神愉悦感和舒适感、提升人类福祉和幸福感做出重要贡献。冰冻圈作为自然环境的重要组成部分，其要素产生的冰川、冰缘地貌、冰川遗迹、冰盖、冰架、海冰、积雪和雨凇、雾凇景观及其组合形态奇特、清新高洁、超凡脱俗，具有独特的美学价值；再加上其与湛蓝的天空、巍峨的高山、清澈的河流或流动的牧群、宁静的村庄、庄严的寺院等自然或人文景观的组合，可为人们带来崇敬感、清新感、愉悦感和舒适感；或者与复杂多变的天气组合，朦胧神秘、缥缈而含蓄婉约，可给人们带来心灵的激荡；还有冰冻圈区域相对远离人居环境，可进入性较差，从而更加引起人们强烈的好奇心和心灵的震撼。由此可见，冰冻圈美学价值独特，对提升人类福祉具有重要意义。

冰冻圈美学价值在现实中深有体现，如人们将雪山、冰川、雾凇等景观作为电脑的壁纸或用于其他生活装饰，广大摄影爱好者对冰冻圈美景的青睐，还有人们对雪山的向往并愿意支付较大费用去亲身感受，等等。

4.5.2　灵感服务

灵感指文艺、科技活动中瞬间产生的富有创造性的突发思维状态。自然环境可以为文艺创作和科技创新提供无限的灵感。其中，文艺创作包括文学作品、影视作品、摄影、绘画、雕塑、民间传说、音乐和舞蹈、国家标志、时尚、甚至建筑和广告等。冰冻圈也不例外，其以独特的魅力，为众多文艺创作和科技创新提供灵感及素材。文学作品如海明威的《乞力马扎罗的雪》、川端康成的《雪国》、梁晓声的《今夜有暴风雪》和《雪城》、毛泽东的《沁园春·雪》等；影视作品如《冰河世纪》《冰雪奇缘》《古墓丽影》、*Eight Below*、《最后的猎人》《北方的纳努克》等；音乐作品如 *Snowman*、*Ice Age*、《我爱你，塞北的雪》《断桥残雪》等；绘画作品如老彼得·勃鲁盖尔的《雪中猎人》（1565 年）、歌川广重的《蒲原·夜之雪》（1833 年）、爱德华·蒙克的《大雪覆盖的街道》（1906 年）、梵高的《冬（雪中的牧师花园）》（1885 年）、希施金的《在遥远的北方》（1891 年）等；冬奥会会徽、冰雪旅游节 logo 等标志设计等多数也从冰冻圈自然要素中获得灵感；冰岛国旗的创作灵感也来自本地自然环境，其中白色就象征覆盖冰岛的冰雪。冰冻圈为各自然学科的科技创新也提供重要的灵感服务，如科学家从冰块中发现气泡，从而开启冰心与古环境记录的研究。

4.5.3　宗教与精神服务

人源于自然，并通过个人反思和更有组织的传统规则（如宗教规则、仪式和传统禁忌等）寻找他们与环境之间的精神联系，以了解他们在宇宙中的位置。这一关系体现在人们对具体某一生态系统、物种以及自然景观特征赋予的特定精神价值和信仰，从而产生人们对自然的敬畏，并影响人们的喜怒哀乐。冰冻圈作为自然景观，与区域人类宗教信仰以及精神价值密切相关。

一方面，冰冻圈以其令人敬畏的景观特征被认为是不同神灵和精神的物质体现，世界上多数雪山及其形成的湖泊、河流和孕育的动植物都与宗教和信仰密切相关。例如，在青藏高原，以冰冻圈为基础的神山、圣湖以其"敬畏感"、"受造感"和"神往感"成为藏传佛教信徒重要的朝圣对象，朝圣者以此获得生存需要、安全需要、认同需要、自主需要、关系需要以及实现需要方面的精神满足。冈底斯山脉的主峰冈仁波齐峰"水晶砌成，玉镶冰雕"，从南面望去，由峰顶垂直而下的巨大冰槽与一横向岩层构成佛教万字格，其在佛教中是精神力量的标志，意为佛法永存，代表着吉祥与护佑，从而引来无数的朝圣者。而滇藏边界梅里雪山的主峰——卡瓦格博峰更被认为是神圣战神的体现，西藏人禁止登山者去攀登。再如，居住在乞力马扎罗山山麓的 Chagga 族人认为冰雪覆盖的峰顶（summit）居住着 Njaro（冷神）等神灵，所以他们不但反对登山，还用动物祭品告慰。

另一方面，由于生活在冰冻圈区域的人们长期与冰冻圈为伴，因此冰冻圈景观成为他们故土情结、身份认同和精神价值的重要环境基础。

4.5.4　知识与教育服务

冰冻圈知识与教育服务指通过开展冰冻圈科学研究、普及冰冻圈知识、培养冰冻圈科技人才等教育和科研活动所带来的社会经济的发展和人民福祉的提高。

冰冻圈科学研究包括冰冻圈各要素的形成过程与机理研究、冰冻圈各要素演化与历史背景研究、冰冻圈与其他圈层（包括人类圈）相互作用研究以及冰冻圈变化的社会经济适应研究，其涵盖从基础研究到应用基础研究再到应用研究整个学科体系。开展冰冻圈古环境记录研究和第四纪冰川研究，可以获得重要的古气候和古环境信息；开展冰冻圈各要素变化监测研究，对认识现代环境变化及进行气候、水文和生态等预测预报具有重要意义；开展冰冻圈与其他圈层相互作用研究、冰冻圈服务和灾害研究以及冰冻圈变化适应研究，对区域生态安全、社会经济安全、促进区域可持续发展具有重大意义。

通过冰冻圈科学研究，形成冰冻圈知识。但是冰冻圈知识还应包括冰冻圈相关传统知识，传统知识产生于土著居民在适应寒冷环境时积累的与冰冻圈相关的经验，如因纽特人修建冰屋御寒、通过辨别冰雪特征的微小差异识别暴风雪的征兆和猎物的迁徙方式等。挖掘和梳理这些传统知识，对丰富人类知识库具有重要作用。

通过科普、教育、旅游宣传和体验等途径，向大众普及冰冻圈知识、培养冰冻圈人才，对促进社会、经济、文化和科技发展以及人类自身发展具有重要意义。然而，随着冰冻圈的退缩，冰冻圈知识价值不断受到威胁，既包括传统知识，又包括科学研究。

4.5.5　消遣与旅游服务

冰冻圈消遣与旅游服务指人们通过参与基于冰冻圈的各类消遣和旅游活动而获得的精神收益。全球冰冻圈旅游资源十分丰富，涵盖冰冻圈各个要素，其不仅包括冰冻圈自然景观，还包括与冰冻圈相关的人文景观。根据旅游目的，冰冻圈旅游还可划分为观光旅游、滑雪/冰运动、探险旅游以及与冰冻圈相关的文化旅游等多个类型（不过在现实中冰冻圈旅游活动一般同时包括上述多个类型）。冰冻圈消遣与旅游服务集健身、休闲、体验、探险、教育等一体，可给人们带来独特丰富的精神收益。

冰冻圈观光旅游是以领略冰冻圈景观特征及其周围自然风光和社会风情为目的，兼体验、探险、教育和康体于一体的旅游活动。大众观光旅游目的地和受益人口众多，领略对象和旅游方式多样，其中冰冻圈美学价值是人们进行冰冻圈观光旅游的重要动机，是与游客审美和欣赏景观内容直接关联的纽带。景观特征和美学价值在 4.5.1 节已经阐述，此处不再赘述。

　　滑雪/冰运动是冰冻圈消遣与旅游服务的独特形式，兼具健身、休闲、表演、体验等功能。其又可进一步分为大众滑雪、竞技滑雪和滑冰运动。其中，大众滑雪是人人均可参与的滑雪旅游活动；竞技滑雪如高山滑雪、单板滑雪、北欧滑雪、自由式滑雪、速降滑雪等，仅局限于专业竞赛滑雪，且与冬奥会等相关赛事密切相关；而滑冰运动是指人们利用天然河/湖冰进行的滑冰等娱乐活动，其发生在特定区域，影响范围相对较小。由于受降雪条件的影响，滑雪运动主要集中在每年 10 月至次年 5 月。而受河/湖冰冻结时间影响，滑冰运动时间可能更短。当前滑雪旅游产业已经成为西欧、北美、东欧、中亚和东亚等冰雪资源丰富区域经济发展的新型增长点，但受气候变化和社会经济因素影响，不同区域滑雪/冰运动发展水平和趋势存在较大差异。

　　冰冻圈探险旅游是指有个性、有体魄和有技能的探险爱好者在人迹罕至或险象环生的冰冻圈区域进行的充满神秘性、危险性和刺激性的旅游考察活动。冰冻圈探险旅游按照探险内容可分为高山探险旅游、极地探险旅游和攀冰探险旅游；按照探险目的又可分为科考探险旅游和体验探险旅游。冰冻圈作用的高山高原和极区虽人迹罕至，但"白色世界"蕴含的无与伦比的科研资料深深地吸引着世界各地的科学家深入地球"三极"，也吸引着其他业余探险爱好者去体验攀冰和登顶等极具魅力的冰上活动。冰冻圈探险虽常与雪崩、冰裂隙、风暴、滑坠、低温、缺氧等危险环境相伴，但挑战自我极限、探索冰冻圈奥秘一向是冰冻圈探险爱好者的兴趣和使命。

　　冰冻圈文化旅游指以了解和体验与寒区冰冻圈相关的社会和文化现象（包括民族历史、宗教朝拜、风俗习惯、民族艺术、社会组织、文化教育等）为主要目的旅游活动，具有知识性和参与性等特点。例如，人们进入北极了解和体验土著居民生活等。再如，在中国藏区，将以雪山和圣湖为依托的朝圣作为民俗和宗教现象，每年可带动许多信徒前往藏区进行朝圣体验和文化旅游。

　　现代冰冻圈旅游起始于 19 世纪早期的登山、探险和朝圣运动，发展于 20 世纪的大众观光旅游，流行于 20 世纪 80 年代以来的休闲体验旅游活动。随着社会经济和生活水平的提高以及休闲时间的增多，冰冻圈旅游已经成为世界各国大力发展的一项新兴旅游项目，其在丰富人们精神生活、增加区域经济收益、提升区域旅游内涵与知名度、促进区域经济社会可持续发展等方面发挥着重要作用。

4.5.6　文化多样性服务

　　冰冻圈影响区社会文化是世界文化多样性的重要组成部分，其以冰冻圈相关环境为基础形成的，体现在艺术、工业、娱乐、政治、家庭生活、社会关系、教育、宗教、节日、礼仪等社会各个方面。冰冻圈文化多样性服务从整个人类文明角度探讨冰冻圈对人类福祉的贡献。尊重和保护寒区冰冻圈相关文化或文化遗产对促进世界人类文明发展不可或缺。例如，北极地区的土著居民长期生活在冰雪世界，他们发展了世界上一种独特的文化，除萨米人以外，各土著民族的文化内涵具有许多共同点，被统称为"白色文化"或"冷文化"，他们独特的衣食住行，为人类适应寒冷恶劣的自然环境提供了宝贵的资料和依据。

4.6　冰冻圈承载服务

冰冻圈承载服务以一定时期的陆地或海洋表层冰冻圈为天然冷冻固态介质，为大规模人类迁徙、跨河道（湖泊）行进等特殊活动以及人们所需的物质运输和工程建设提供重力支撑，可进一步分为特殊交通通道服务和设施承载服务。需要说明的是，动物在冰冻圈之上的正常觅食属于在其栖息地的正常生活需要，所以属于生境服务，不划在此类。

冰冻圈能否提供稳定的承载服务取决于冰体是否冻结牢固，冬季冰体冻结牢固，因此能够提供很好的承载服务；而夏季大多数地区的河/湖冰会消融，因而将丧失该承载服务，所以该服务具有明显的季节特征。随着全球变暖，冰冻圈承载功能也将不断减弱。

4.6.1　特殊交通通道服务

由于冰冻圈属于天然固态冻结物质，人们也可以凭借天然冰体（冰桥）跨越平常难以通过的水域，从而很便捷地到达水体彼岸的地域。在全新世之前的现代智人迁徙过程中，海平面远远低于今天（又与冰冻圈调节全球水量分配有重要关系），不但许多暴露的陆桥（如东南亚地区和白令海）提供了人类迁徙的桥梁，而且海冰也是迁徙的重要通道。在1万年前，亚洲中部和东部的蒙古人因气候变暖逐渐北上，一部分留在西伯利亚地区，而另一部分则通过白令海峡冰桥来到阿拉斯加，这一蒙古族部落被认为是今天因纽特人的祖先，即古因纽特人，可见冰冻圈独特的承载服务在人类跨洲迁徙过程中发挥了极其重要的作用；在北极地区，海冰的交通通道服务一直以来在人们出行和捕猎等日常活动中极其重要。但是随着全球变暖，海冰变薄变少，并且离岸更远，使冰上行动变得危险。而且温暖的春天导致了更早的融雪和河流分裂，使得北极社区居民驾驶雪地摩托车难以进入他们的狩猎和捕鱼营地。在高纬度地区，河/湖冰在社会经济落后、水上交通设施（如桥梁等）不发达时期也提供着重要的交通服务，冰桥可供人畜和车辆通行，给人们生活带来极大方便。

4.6.2　设施承载服务

冰冻圈设施承载服务指冻土、海/河/湖冰等冰冻圈要素为寒区人们所需的基础设施安放或运行提供地基承载的服务。

该服务表现之一是冰冻圈对极地土著居民的房屋建筑以及科学考察站等建筑设施提供地基支持。例如，在北极地区，海冰或冰盖为土著居民的生活基础设施（如建筑物）

的安放提供着不可或缺的重力承载服务。如果没有冰冻圈,海洋之上可能很难安置建筑物。

该服务表现之二是人们在冰上开展钻探工作时可借助冰面直接安放工作设施。例如,在极区开采资源时,可在冰面直接安放钻井平台,而不需用其他设备搭建。再如,地质学家在寒区湖泊钻取岩心时,可选择结冰时段,直接利用湖冰的承载功能进行岩心钻取。

该服务表现之三是冰冻圈为寒区道路和输油管道的服役提供承载服务。寒区铁路、公路等重大道路工程和输油管道大多数以冻土为地基,因此冰冻圈为寒区工程提供重要的承载功能。寒区铁路工程,如加拿大太平洋铁路、俄罗斯铁路以及中国青藏铁路等,在促进区域发展、维持边疆地区和谐稳定方面发挥了重大作用;油气管道,如美国阿拉斯加州的 Trans-Alaska 管道、俄罗斯西伯利亚的 Nadym-Pur-Taz 天然气管道网、中俄原油管道等为地区和国家经济建设做出了重要贡献。

4.7　冰冻圈支持服务

冰冻圈支持服务指人类从冰冻圈支持或主导的特殊环境中获得的收益。其可进一步分为以下三类:一是为寒区生物生长提供独特的生境支持,可进一步为人类带来特殊药材、牧草、水产和种质等生物资源和食物等,即生境支持服务;二是通过为一些资源的生成提供必不可少的环境条件,从而为人类提供风能、天然气水合物和电力等资源,即资源生成服务;三是通过为特定地区人类政治、军事和战争等活动提供天然隐蔽等特殊环境支持,从而给区域人类生存和安全带来一定福祉,即地缘政治和军事服务。

这里冰冻圈支持服务与生态系统支持服务具有完全不同的内涵:冰冻圈支持服务由冰冻圈与其他环境因素共同作用(其中冰冻圈扮演主导或关键角色)产生,并最终为人类福祉做出自身贡献。而生态系统支持服务被看作是生态系统提供其他服务(供给服务、调节服务和文化服务)的功能基础,其自身对人类福祉的贡献体现在其他服务之上,不再单独考虑。

4.7.1　生境支持服务

冰冻圈支持服务形成了世界上独特的寒区生态系统,其为当地动植物栖息以及微生物发育生长提供了重要的生境支持,进而又为人类提供了各种独特的药材、渔业、种质等资源和日常食物等。需要说明的是,尽管冰冻圈的生境支持服务与生态调节服务密切相关,但是它们的侧重点并不相同。生态调节服务重在对寒区环境中的生态条件的改善,基于冰冻圈水热调节和水源涵养功能的发挥,其提高了生物量和生产量,从而使得寒区人们在从事畜牧业等活动中受益。而冰冻圈生境支持服务可看作是冰冻圈供给服务、调节服务和承载服务综合作用的结果,是不同于这些单一服务的新服务,重在指冰冻圈参与形成特殊环境,从而形成与人类福祉相关的独特生物资源。因为生境支持服务由冰冻圈作为环境要素支持并影响生态系统而产生,所以其在冰冻圈对生态系统产生重要支配作用的极地地区体现得更为显著。

在极区，冰冻圈为各类与冰相关的生物，包括细菌、真菌、微藻、单细胞动物、多细胞动物以及大型鸟类和哺乳动物提供了栖息环境，它们觅食、繁殖、生长均以冰冻圈为重要介质，而且生物之间形成了独特的食物链。这些生物生活在特殊的地理与气候环境下，提供了丰富的潜在利用价值很高的种质资源，一些特别的生物还作为药材、渔业等资源以及土著居民的食物来源，它们对人类福祉具有重要贡献。特别地，冻土微生物作为寒区生态系统的重要组分，还在冻土生物地球化学循环中起着重要作用，并可以敏感地指示全球气候变化。

冰冻圈通过与海洋相互作用还造就了另一种生境支持服务。冰冻圈水体进入海洋促进了高纬度寒流与暖流之间的循环，寒暖流交汇形成水障并使得海水发生扰动，上泛海水将营养盐类带到海洋表层，使浮游生物繁盛，进而为鱼类提供丰富的饵料，从而在寒暖流交汇处形成世界大型渔场，包括日本的北海道渔场、英国的北海渔场和加拿大的纽芬兰渔场等。

4.7.2　资源生成服务

冰冻圈作为一种环境要素，其在支持一些资源生成过程中发挥了极其重要的作用。已知冰冻圈在资源生成过程中提供天然气水合物和风能资源，这两种能源资源均属于清洁能源，具有重要的社会经济价值。

1. 天然气水合物

天然气水合物（化学式为 $CH_4 \cdot 8H_2O$）是由天然气与水在低温高压条件下形成的类冰状的结晶物质，它主要存在于多年冻土带、大陆边缘的海底沉积物以及内陆湖的深水沉积物中。已有对全球天然气水合物资源量的估算达 2.1×10^{16} m^3，是煤炭、石油和天然气资源总量的两倍。其作为清洁能源，再加上其储量极其丰富、利用效益极高，所以具有巨大的能源潜力，开发前景十分广阔。

其中，在多年冻土区，多年冻土条件控制了天然气水合物形成的温压条件，并且冻土层也为水合物形成提供了必要的圈闭条件，可有效阻止其下部游离气体向上迁移和聚集，因此，多年冻土在形成相关天然气水合物的过程中发挥着极其重要的作用，甚至起决定作用。目前对多年冻土区天然气水合物估算的总量为 $10^{13} \sim 10^{16} m^3$，其主要分布在俄罗斯、美国、加拿大等国的高纬度环北冰洋冻土区，包括美国阿拉斯加北部斜坡的 Brudhoe 湾-Kuparuk 河地区，加拿大 Mackenzie 三角洲和 Sverdrup 盆地，俄罗斯的西西伯利亚盆地、Lena-Tun-guska 地区、Timan-Pechora 盆地、东北西伯利亚及 Kamchatka 地区和挪威的 Svalbard 半岛、格陵兰等地。而中国多年冻土区天然气水合物资源量也相当丰富，主要分布在青藏高原和东北漠河盆地。

2. 风能资源

风能是地球表层大量空气流动所产生的动能。风能资源取决于近地面风速，最终受不同尺度大气环流影响。全球风能资源储量丰富，并且作为清洁能源，其开发利用将对减缓气候变暖发挥重要作用。冰冻圈对风能资源的贡献大小尚不清楚，然而冰冻圈在一些区域风能资源形成过程中很可能扮演着重要角色。在较大尺度上，冰冻圈很可能通过其巨大冷储、高反照率等功能或过程对形成和增强水平气压梯度做出巨大贡献，从而成为相关区域风能资源形成的环境基础。例如，极地冰冻圈很可能通过加剧高低纬度之间的气压差，产生强劲的极地东风和冬季风；而强盛的青藏高原季风与"第三极"冰冻圈也密切相关。在局地尺度，由于冰川上的气温始终比坡前同高度自由大气的气温低，因而空气几乎沿冰川向下流动，从而形成冰川风，冰川风虽然风速较弱、影响较小，但在有利的地形条件下，加上有利的天气系统配合，可达到开发利用的标准。特别地，在冰期期间，强劲的风力可让大气粉尘浓度增加几十倍，从而造就了巨厚的黄土。

3. 温差发电

利用冰冻圈冷能与周围热源（如地热能）的温差进行发电既不消耗燃料，又无污染排放，分布广泛且成本低，开发利用前景广阔，已在许多国家或地区试验成功。一方面，在高寒陆地区域可利用冰冻圈冷能与地热能的较大温差发展清洁电力，如拥有丰富的地热能和冰冻圈冷能的中国青藏高原地区，有望在未来大力发展温差电站；另一方面，在极地形成的冷水流输到热带或亚热带深层海域时与海洋表层热水终年形成 20℃以上的垂直海水温差，利用这一温差也可以实现热力循环并发电。据估算，全球可供开发的海洋温差能达到 $4×10^9$ 万 kW，利用潜力巨大。

4.7.3　地缘政治和军事服务

冰冻圈也为一定目的的地缘政治和军事活动提供类似一种屏障的关键的环境支持，即地缘政治和军事服务。在冷战时期，北极海冰为潜艇（尤其核潜艇）提供了天然隐蔽屏障；在中国、印度和巴基斯坦交界的克什米尔地区，高大的锡亚琴冰川两侧印巴军队长期对峙，每年付出巨大的人力、物力、财力，但是恶劣的环境在某种角度上也为双方（尤其是印度）提供了重要的隐蔽环境，尤其成为高海拔作战的武器研发和训练基地。以上都可看作是冰冻圈提供的军事服务。

另外，欧洲殖民者屠杀印第安人期间，环北极因纽特人和闪米特人之所以能存活下来，有人认为是寒冷的冰雪在客观上起到了保护作用，所以才使得当地人种和文化得以保留。无独有偶，在以往发生在寒区的大型战争中，如伏尔加格勒保卫战，由于当地的军队和将士往往更能很好地适应当地环境，因此可以取得一定的战争主动权。

4.8　冰冻圈服务与人类福祉之间的关系

如前所述，人类福祉可分为维持高质量生活的基本物质条件、健康、良好的社会关系以及安全、选择与行动的自由 5 个主要要素。相对于生态系统服务，冰冻圈服务对人类福祉的贡献相对较小，但是冰冻圈服务对区域人类福祉的五个方面也均有影响，当然，不同服务与人类福祉联系的强弱程度存在差异，社会经济因素对这种影响的调控能力也高低不同（图 4.2）。维持高质量生活的基本物质条件指获得安全和充足的生计的能力，包括足够的收入和资产、充足的食物和水、安全的住所、取暖和纳凉所需能源以及商品获取。冰冻圈各类服务对人类福祉的物质要素均有一定影响，尤其是淡水资源供给、生态调节、陆表侵蚀调节和生境支持等服务对维持当地人民基本物质生活具有重要贡献。当今，通过商品贸易也可以获得必要的物质替代品，但大多冰冻圈及其影响区社会经济发展水平较低，且交通闭塞，所以社会经济调控能力相对有限。文化服务对其他服务产生影响，对人类福祉的物质要素也产生一定影响，但是影响相对较弱。

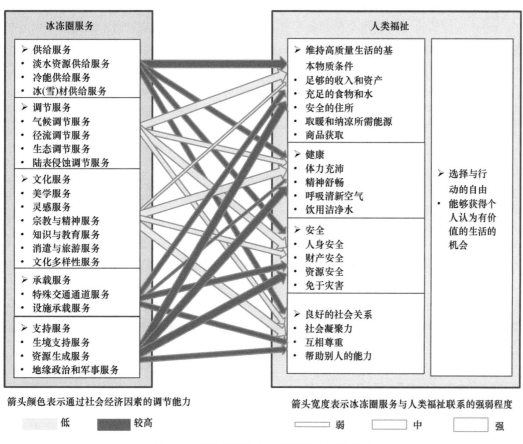

图 4.2　冰冻圈服务与人类福祉之间的关系

　　健康福祉指人体营养充足、没有疾病、拥有足够的洁净水和清洁的空气，具有获得取暖和纳凉所需能源的能力。冰冻圈服务，如淡水资源供给、冷能供给、冰（雪）材供给、气候调节、生境支持和资源生成服务可为人类带来清洁水源、药材资源、清洁空气以及取暖和纳凉所需能源或场所，所以其对健康福祉做出一定贡献。当前社会经济条件可以对以上气候调节服务外其他服务进行适度调节。冰冻圈文化服务对区域人类精神健康具有重要贡献，且社会经济因素很难替代。
　　安全福祉包括人身安全、财产安全和必要的资源安全以及免受自然或人为灾害侵袭的安全。冰冻圈供给服务、调节服务、承载服务和支持服务对维护人身安全、财产安全和保障资源安全也都具有重要贡献，文化服务通过影响社会关系网络从而对安全也具有重要影响。社会经济因素对文化服务和调节服务很难调节，但对其他服务具有一定调节潜力。

良好的社会关系指具有社会凝聚力、相互尊重以及帮助他人和供养孩子的能力。极区人类生活深度依赖自然环境，冰冻圈供给服务、调节服务、承载服务和支持服务通过影响人类福祉的物质、健康和安全要素对维持良好的社会关系具有重要贡献。文化服务尤其是宗教与精神服务更是对良好的社会关系产生直接影响。同样，社会经济因素对调节服务和文化服务外的其他服务具有一定潜力。

选择与行动的自由是指个体对发生在自己身上的事件的控制能力，以及实现自身价值和个人愿望的能力。该福祉要素既受其他四种福祉要素的影响（当然也受教育等其他非福祉因素的影响），也是获得其他福祉要素（特别是公平和平等）的前提条件。冰冻圈服务通过影响其他福祉要素对选择与行动的自由这一福祉要素也产生重要的间接影响；同时，在冰冻圈影响区宗教等精神性因素深刻影响人们的价值选择，当前，其他社会经济因素对该福祉要素的调节能力还相对有限。

4.9　冰冻圈服务与生态系统服务

冰冻圈作为地球系统五大圈层之一，是广义生态系统的重要组分，是生态系统健康发展的重要内涵。目前，国内外对生态系统功能和服务的研究相对完善，研究方法和范式相对成熟。然而，冰冻圈功能/服务在生态系统功能/服务的以往研究中被长期忽视，这不仅弱化了冰冻圈与人类社会之间关系的认识，也不利于人们对冰冻圈服务进行有效利用。鉴于此，本节首先回顾生态系统服务研究简史及其重点研究领域，然后从冰冻圈科学体系建设以及冰冻圈影响区可持续发展出发，阐述冰冻圈功能/服务与生态系统功能/服务之间的关系。

4.9.1　生态系统服务研究简史

生态系统是由植物、动物和微生物群落以及他们所生存的环境共同形成的动态复合功能单元。随着对全球环境变化和可持续发展的深入关注，越来越多的学者认识到生态环境作为人类生存发展的基础，其不仅具有为人类供给物质资源的功能，更涵盖调节气候、消纳污染物、净化水体等多种功能。在此背景下，生态系统服务研究应运而生并迅速成为地理学、生态学和经济学等相关学科研究的热点领域和重点方向。

早在 1864 年 George Marsh 在 *Man and Nature* 一书中叙述了地中海地区人类活动对生态系统服务的破坏，并注意到腐食动物作为分解者的生态功能。20 世纪 60~70 年代生态系统服务研究开始萌芽。这一时期生态系统服务研究主要立足于生态系统学开展相关基础理论探讨。1970 年，关键环境问题研究小组（Study of Critical Environmental Problems，SCEP）出版了 *Man's Impact on the Global Environment*，该报告首次提出生态系统服务的概念。之后，Ehrlich 等（1974）及 Westman（1977）又分别进行了全球环境服务和自然服务的研究，指出生物多样性的丧失将直接影响生态系统服务。

20 世纪 90 年代，生态系统服务研究繁荣发展，生态系统服务概念和方法论也逐渐形成。尤其以 Daily（1997）主编的 *Nature's Services：Societal Dependence on Natural Ecosystems* 一书和 Costanza 等在 Nature 发表的 *The Value of the World's Ecosystem Services and Natural Capital* 文章最为引人注目。Daily 主编的专著中比较系统地介绍了生态系统服务的概念、研究简史、服务价值评估、不同生物系统以及不同区域生态系统服务等专题研究；Costanza 等则将全球生态系统服务划分为 17 种类型，评估出全球生态系统服务的价值高达 33 万亿美元[为 1997 年全球国民生产总值（GNP）总和的 1.8 倍]。这一时期国内外生态系统服务研究除了对生态系统服务的含义、分类和评估方法进行探讨外，主要集中于对不同尺度、不同区域和不同类型生态系统服务进行价值评估。

2001 年 6 月 5 日，联合国秘书长安南宣布"千年生态系统评估"（The Millennium Ecosystem Assessment，MA）项目正式启动。这是在全球范围内第一个针对生态系统及其服务与人类福祉之间的联系，通过整合各种资源，对各类生态系统进行全面、综合评估的重大项目。MA 的重要贡献在于：①首次在全球尺度上系统、全面、多尺度地揭示了各类生态系统的现状和变化趋势、未来变化的情景和应采取的对策，其评估结果为改善与生态系统有关的决策制定过程提供了充分的科学依据；②丰富了生态学的内涵，明确提出了生态系统的状况和变化与人类福祉之间的密切联系，将研究"生态系统与人类福祉"作为现阶段生态学研究的核心内容和引领 21 世纪生态学发展的新方向，从而将生态学的发展推到了一个新的阶段；③阐述了评估生态系统与人类福祉之间相互关系的框架，并建立了多尺度、综合评估它们各个组分之间相互关系的方法。

2006 年，MA 评估工作之后生态系统服务研究开始转向服务机制形成与人类福祉耦合关系等。2012 年 4 月，联合国环境规划署（United Nations Environment Programme，UNEP）又整合 MA 的后续行动和生物多样性科学知识国际机制，在巴拿马正式成立了生物多样性和生态系统服务政府间科学–政策平台（Intergovernmental Science-Policy Platform on Biodiversity and Ecosystem Services，IPBES），IPBES 借鉴 IPCC 的模式，旨在应对生物多样性丧失和生态系统服务功能退化问题。通过建立科学与政策之间的联系，缩小科学界与政治界对该问题的鸿沟，进一步加强生物多样性的保护与可持续利用，确保长期人类福祉和可持续发展。IPBES 将生态系统服务问题提升到国际平台开展协商对话，进一步巩固了生态系统服务的研究地位。

生态系统服务是当前最为活跃的综合研究领域之一，其主要研究领域包括：①生态系统服务内涵；②生态系统服务分类；③生态系统服务价值评估；④生态系统服务形成机理及变化驱动机制；⑤生态系统服务与人类福祉的关系；⑥生态系统服务权衡和协同；⑦生态系统服务管理及相关政策等。

4.9.2　冰冻圈服务与生态系统服务的关系

冰冻圈服务与生态系统服务的关系可从以下两个不同方面进行理解。

一方面，冰冻圈作为广义生态系统的重要组成部分，它为生态系统服务稳定和持续供给提供重要的环境基础，进而通过生态系统服务对人类福祉做出重要贡献。生态系统服务强调以生物圈为核心的生态系统对社会系统的重要支持作用，所以冰冻圈服务也以生态系统与人类社会之间的关联为核心，并没考虑冰冻圈与人类社会之间的直接关联。由于冰冻圈大多处在人类聚居区的边缘地区，因此冰冻圈服务在生态系统服务研究中被长期忽视。

　　另一方面，我们提出从冰冻圈与人类圈的直接关联角度更为系统地探讨冰冻圈对人类社会的正面影响。虽然冰冻圈作为地球系统要素以无机圈层为主，但以冰冻圈要素为核心或与其他圈层相互作用也能够直接或间接提供不同类型的服务。在全球变化和可持续发展背景下，冰冻圈科学日益将冰冻圈对人类社会的影响作为重要的研究内容，所以系统探讨冰冻圈及其变化对人类社会的自然效用十分必要。从这一视角出发，冰冻圈服务是一个与生态系统服务相平行的概念，因此也将具有独立于生态系统服务的分类体系和研究范式。

思　考　题

1. 简述冰冻圈服务的概念与主要类型。
2. 请选择一种冰冻圈服务，分析其形成过程及其与人类福祉的关系。
3. 试阐述冰冻圈服务与生态系统服务的关系。

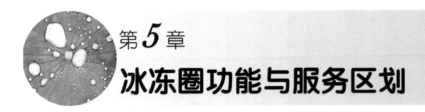

第5章
冰冻圈功能与服务区划

本章介绍了开展冰冻圈功能与服务区划的指标体系，以此给出了中国冰冻圈水资源服务、生态服务、人文服务、工程服役专题区划方案。在甄选合理的综合区划方法的基础上，本章对中国冰冻圈服务的综合区划、服务的协同与权衡关系给出了初步分析。

5.1 冰冻圈功能与服务区划的特殊性与指标体系

5.1.1 冰冻圈功能与服务分类基础

从广义上说，自然系统、人文系统以及自然与人文复合系统的相互作用中，衍生出了各种各样的功能与服务，它们可划分为自然生态的本底功能和人类活动的利用服务。自然生态的本底功能是指生态环境系统及其作用过程孕育并支撑着人类赖以生存的自然环境条件，对人类活动产生着不可或缺的效用。人类活动的利用服务是指以人类生存发展的需求为核心的社会经济活动，通过改造自然生态环境的根本属性，直接影响自然生态的本底功能，使之成为适应人类活动需要的新服务。人类活动的利用服务的出现是形成自然与人文复合地域系统的关键过程，人类活动的利用服务与自然生态的本底功能之间的相互叠合，使得地球表层系统的功能与服务格局变得更加复杂多样。陶岸君将自然生态的本底功能分为基本功能、生产功能、调节功能、附加功能；将人类活动的利用服务分为初级生产、工业化生产和人文发展等。

冰冻圈功能与服务对应冰冻圈的自然和社会两种属性（图 5.1）。自然属性是指冰冻圈与除人类圈以外的多圈层相互作用所产生的自然过程，是各圈层演变规律的体现，是产生冰冻圈服务的基础。其具体包括能量调节、物质储存与迁移、水源涵养、重力承载、天然冷能储存以及岩石圈调节（如地表保护）等。社会属性体现在冰冻圈直接满足人类的需求和价值取向，即冰冻圈直接满足人类物质或精神需要并为人类福祉做出贡献。分析冰冻圈服务应该同时包括这两个属性才能做出全面的评估，尤其在评估其总体社会经济价值时。

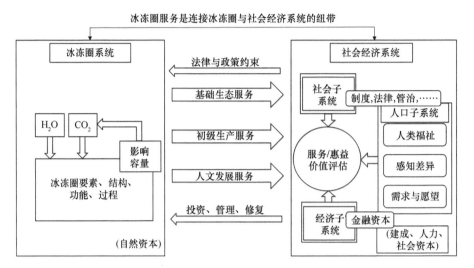

图 5.1   基于冰冻圈服务理念的区划框架

5.1.2   冰冻圈功能与服务区划的特殊性

目前，关于冰冻圈区划的研究主要是从冰冻圈资源的自然供给角度出发，即冰冻圈功能的角度，或强调冰冻圈开发的自然灾害效应和生态效应，如冰冻圈脆弱性评估和基于自然特性的冰川、冻土与积雪的分区等，尽管其社会经济属性被人类广泛利用，却基本未见对致利性方面，即冰冻圈服务的总量、类别、价值等进行系统性研究，其理论和方法体系处于空白，遑论冰冻圈服务地域分异规律的区划研究，导致冰冻圈科学研究与社会经济可持续发展之间存在隔阂，在应用层面对实践的指导性有限。尤其在全球变暖条件下，冰冻圈总体呈萎缩趋势，必然极大地影响到其特有的社会经济服务。地球表层系统受不断变化的自然–人文复合过程的影响，解释其复合地域系统不同要素间相互耦合、反馈等作用影响机制的区域差异性，也是区划方法体系与技术路径手段创新的内在动力，单纯考虑冰冻圈相关的自然灾害效应和生态效应已不能应对不断增强的研究与实践需求，以及难以服务于可持续发展目标的实现，探索自然–人文复合系统且兼具综合性、动态性、科学性与实用性的冰冻圈服务综合区划是当下急迫的基础性前沿工作，其将对人地关系地域系统、可持续发展等做出重大理论贡献。

随着冰冻圈变化潜在影响的链生效应不断扩展，冰冻圈与生态、经济、社会问题之间的衔接既是学科发展的必然趋势，也是延伸冰冻圈科学应用价值的必然要求，当前需要重视研究成果的应用出口。冰冻圈功能与服务综合区划恰恰针对自然与人文复合系统进行区域划分的重要任务与重大需求，着眼冰冻圈施惠于人类社会的特点，正确辨识冰冻圈服务及其区际差异性和区内一致性，涉及多样、复杂的影响要素以及过程机制，有助于为冰冻圈服务供给与社会经济发展需求搭建桥梁，但在我国乃至全球尚属于薄弱领域。因此，需要进一步综合和集成我国冰冻圈研究的长期积累，形成冰冻圈服务综合区划的指标体系和分层级区划规范流程，制定单要素专题服务区划及综合集成方法，研制全国冰冻圈服务综合区划方案，提出相应的发展战略及对策建议（图 5.2）。

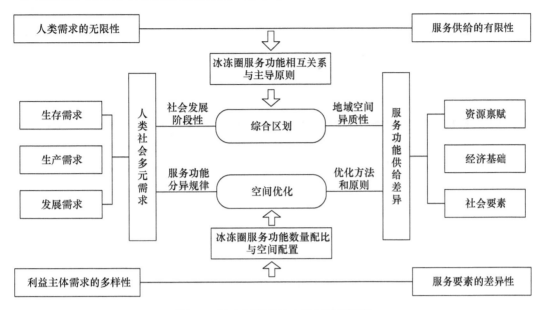

图 5.2　冰冻圈服务综合区划目标逻辑

5.1.3　冰冻圈功能与服务区划的指标体系

根据供给、需求、变化程度和适应能力四个维度构建冰冻圈功能与服务区划的指标体系,从而为评价不同的冰冻圈功能与服务重要性提供基础性支撑(表 5.1)。指标的选取原则既反映客观事实,又涵盖尽可能多的信息。较大尺度下确定类型区所选用的指标一般较为简单,如温度、湿度、降水量等。随着区划单位尺度逐渐缩小,需从更为精细的角度选取能够客观体现地域分异规律的指标。

表 5.1　冰冻圈服务综合区划指标体系

一级指标	二级指标	三级指标
供给	冰川	冰川类型及其面积、体积、高度,冰川反照率,冰川融水补给量与补给比例,冰川旅游景区数量及年均开放日数
	冻土	冻土类型及其面积,多年冻土活动层厚度,冻土年平均地温,冻土稳定性与连续系数,冻土年平均冻结深度,冻土土壤含水量
	积雪	积雪类型及其面积、密度,积雪日数,积雪反照率,年累积积雪厚度,雪水当量,积雪融水补给量与补给比例,滑雪运动场数量及年均开放日数
	地形	海拔,坡度,坡向,地形起伏度
	水资源	水资源总量,人均水资源量,水资源利用率
	土地	土地利用结构,垦殖指数,人均耕地、草地、林地、荒地面积
	交通	交通优势度
需求	社会经济条件	地区生产总值,人均地区生产总值,三次产业结构,年末牲畜存栏数,城镇居民人口密度,农村居民人口密度,城镇化率
	生物多样性需求	生物多样性评价,国家级自然保护区边界(自然生态系统类和野生生物类)

续表

一级指标	二级指标	三级指标
需求	生态用水	单位林地、草地需水量
	经济用水	单位地区生产总值需水量，单位牧业增加值需水量，单位农业增加值需水量，单位工业增加值需水量，单位第三产业增加值需水量
	城镇生活用水	城镇居民生活需水总量，人均城镇居民生活需水量
变化程度	气象变化	气温变化率，降水量变化率，干燥度指数变化率
	冰川变化	冰川面积、体积、高程、反照率变化率，冰川年均退缩率
	积雪变化	积雪面积、密度、日数、反射率变化率，年累积积雪厚度变化率
	冻土变化	冻土范围，年平均地温，冻结深度，土壤含水量变化率，多年冻土活动层厚度变化率
	水资源供给变化	地表径流变化率，冰川融水补给量与补给比例变化率，积雪融水补给量与补给比例变化率
	生态变化	净初级生产力变化率，植被退化率
	土地利用变化	城镇用地扩张量与变化率
适应能力	生态适应能力	净初级生产力总量，生态治理指数，自然保护区面积占比
	经济适应能力	地区生产总值增长率，单位劳动力产出，高耗水产业产值占工业总产值比重，第三产业产值占地区生产总值比重，城镇居民人均纯收入，农牧居民人均纯收入
	社会适应能力	人类发展指数，信息通达指数，受教育年限，恩格尔系数，公路网密度，社会资本指数
	制度适应能力	政策与决策能力，资源配置管理水平
	工程适应能力	水利工程投资比例，渠系改造维护投资比例，新建渠系投资比例，山区水库人均库容量

5.2　冰冻圈服务专题区划

冰冻圈服务专题区划既不同于自然要素的部门区划和综合区划，也不同于更加概括和集成的地域功能区划，而是指向特定功能的区划，如冰冻圈的水资源开发利用区划、冰冻圈的生态及高寒畜牧利用区划、冰雪景观旅游与体育运动区划、冰冻圈的工程服役区划等。因此，冰冻圈服务专题区划是基于自然科学对冰冻圈功能的科学认知和社会科学对冰冻圈服务的科学评估，对多种多样的冰冻圈功能和服务进行识别、划分和展示等，也是对冰冻圈服务空间差异性的解析。根据冰冻圈服务分类，针对四种典型冰冻圈服务专题区划的内容、方法等做出介绍。

5.2.1　冰冻圈水资源服务专题区划

水资源供给是冰冻圈对人类社会最直接的服务之一。冰冻圈作为固体水库，为人类社会系统提供了充沛的淡水资源，并通过调节径流，满足人类社会生产与生活水资源稳定性供给。冰冻圈水资源服务专题区划以全国分流域冰冻圈水资源变化研究成果为依据，以内陆河流域冰雪融水径流现状及未来变化预估为情景，对冰冻圈水资源供给能力进行时空分异评价；结合区域水资源现实利用情况和经济社会发展的水资源现状与未来需求空间格局，评估不同流域单元水资源服务的重要性，并制定冰冻圈水资源服务专题区划图，这对城市水安全战略及水资源优化配置具有决策意义。进而，基于不同气候情景下冰冻圈冰雪融水的响应带来的水资源配置效应，可提出对应的冰冻圈社会经济发展的水安全战略；研究不同情景下冰冻圈水资源服务最大化目标下的社会经济结构调整和优化路径，可就干旱半干旱、寒区农业灌溉面积及空间格局、绿洲或城乡发展格局、耗水工业发展布局、流域调水方案等提出对策建议。

　　以冰冻圈资源禀赋特点和人类利用方式为重要依据，从"基底–供给–需求"三个层次入手，构建冰冻圈水资源服务区划定量指标体系，采用空间属性双聚类、冰冻圈服务重要性指数、区位熵模型等方法，划分出不同层级的水资源服务区划单元（图 5.3）。以冰冻圈水资源服务显著的西北地区为典型案例地区，一级区划跨流域尺度，根据冰川、积雪、冻土资源类型、总量、分布差异将研究区划分 3 个服务大区，反映出冰冻圈要素的基础主控作用；二级区划基于流域尺度，根据冰冻圈水资源供给主体的储量、调节能力、径流占比，在一级区划的基础上划分出 9 个服务亚区，反映出冰冻圈要素在供给端的差异；三级区划基于水资源利用结构和社会经济发展需求的空间差异，在二级区划的基础上划分出 63 个服务小区，反映出冰冻圈水资源在需求端的差异，以期从可持续发展、生态文明建设等角度对冰冻圈区域的开发与保护提供重要的科学指导（图 5.4）。

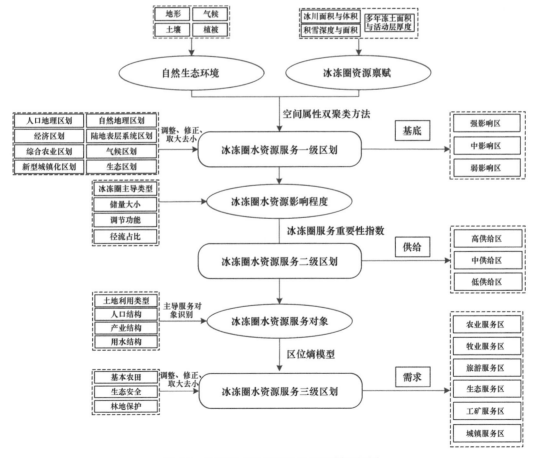

图 5.3　冰冻圈水资源服务专题区划层级图

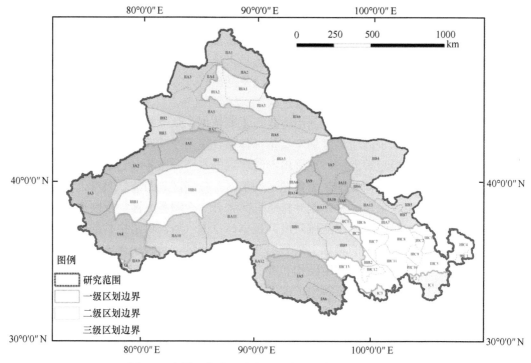

图 5.4　中国西北地区冰冻圈水资源服务专题区划方案

5.2.2　冰冻圈生态服务专题区划

　　冰冻圈生态服务主要体现在冻土要素上。冻土对维持寒区生态系统的稳定性作用巨大，对维持高寒草甸和高寒草地生态系统具有重要意义。根据不同情景下冻土退化情况，预估高寒草地变化格局；结合各地区高寒草场的现实载畜量，制定支撑畜牧业发展的冰冻圈生态服务专题区划图。冰冻圈生态服务专题区划对我国寒区的畜牧业发展战略制定、高寒草场分布与畜牧业发展空间优化等具有重要意义。

　　以多年冻土区生态服务为例进行专题区划，其研究步骤包括：识别多年冻土区生态服务功能类型，制定分区标准依据和工作程序、专项（五级）—类型（专项图层叠加）生态服务功能区划、综合（所有类型图层叠加）生态服务区划，评估供需平衡、强弱等级、保护重要性，预测未来动态（图 5.5）。遵循生态优先原则和战略优先原则，前者是指当其他类型用地与重点调节生态用地重叠时，该地域为生态用地；后者是指当不同用地类型重叠时，优先考虑主体功能区划对县域的战略定位。专项图层研究方法包括空间插值和自然间断点分级，类型图层研究方法包括非监督分类、模糊隶属，综合区划研究方法是图层叠加。支持服务的专项评估指标包括净初级生产力、土壤含水量、植被释氧量、活动层厚度，供给服务的专项评估指标包括牧草产量和单位面积供养强度，调节服务的专项评估指标包括植被固碳量和冻土有机碳含量。最终，综合运用区位熵模型识别区域主体特征功能和空间叠加分析实现各级区划的嵌套，以青藏高原冻土区为例，形成多年冻土区生态服务综合区划方案，从而体现出主导功能的供给类型和需求类型的空间分布（图 5.6）。

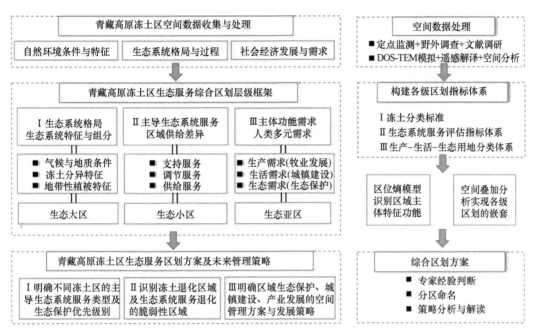

图 5.5　多年冻土区生态服务专题区划研究框架

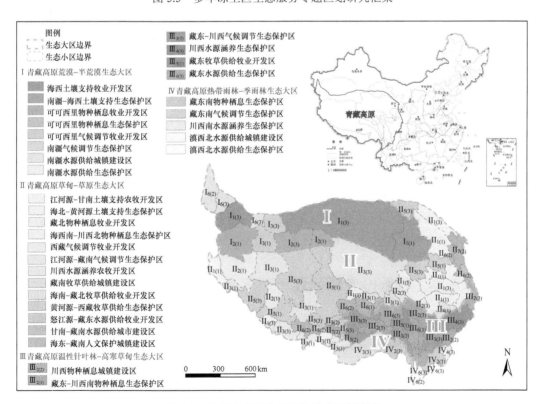

图 5.6　多年冻土区生态服务综合区划方案

5.2.3　冰冻圈人文服务专题区划

冰冻圈人文服务专题区划重点体现冰冻圈景观的旅游吸引力。根据对重点案例地区的游客调查，研究冰雪旅游景观的游客空间分异规律性；基于交通可达性分析，综合旅游景观品质和区域经济社会发展水平评价，评估旅游景观的服务重要性，制定冰冻圈旅游服务专题区划图。冰冻圈人文服务专题区划可指导冰冻圈特色人文服务业发展战略，对景观旅游空间结构、冰雪运动场选址等提出调整优化建议。

冰冻圈人文服务专题区划方案的指导思想是"地域（冰冻圈）+行政+人文"，即首先应强调冰冻圈地理性，这是决定性的；然后，再加上行政性，因为行政功能在文化中占有相当分量；最后，考虑文化本身，其基本原则是需具有很强的文化特质差异，比较一致或相似的人文景观，相同或相似的语言（方言）类型，适当兼顾民俗信仰等因素。具体在划分类型上，主类是冰冻圈地域性（考虑连续性）：要素区划——冰川、积雪、冻土文化区，亚类是行政区+冰冻圈地域性（取交集），如东北冰雪文化区、新疆冰雪文化区、青藏高原冻土文化区，基本类型是行政区交集+冰冻圈+文化性，如东北三少民族文化区、青藏高原安多–康巴–后藏文化区等。

冰冻圈人文服务内涵多样，其综合区划具有一定难度，本书主要以冰川旅游服务区划为典型案例，旨在为冰冻圈人文服务专题区划提供评估方法。冰川旅游是冰冻圈文化服务的重要组成部分。冰川旅游服务主要受限于冰川资源禀赋、冰川可达性、水热条件、旅游环境等多个方面，而服务潜力主要体现于区位交通因子，其次为冰川资源禀赋。本书利用集区位交通、资源环境、基础开发和经济社会于一体的冰川旅游潜力评估体系，对当前冰川旅游服务潜力进行了评估，并对其等级程度进行了区划（图5.7）。

可以看出，未来中国冰川旅游服务潜力较大的区域主要集中于交通区位优越、冰川及其旅游资源富集度较高的乌鲁木齐、昌吉、阿坝、甘孜、阿克苏、林芝、伊犁、日喀则、丽江、阿勒泰、拉萨、巴音郭楞、迪庆、喀什、海北，这在一定程度上表明，本书所构建的评价体系具有较强的科学性、较好的可信度、较强的普适性和可推广性。总体上，中国冰川旅游服务潜力综合指数排列遵循区位交通潜力的大小、近域客源市场的远近、经济条件是否优越的区位特点（图5.7），未来中国冰川旅游区应加强交通通达性与市场营销的改善和提升力度，以减小区位劣势给中国冰川区旅游带来的不利影响。

5.2.4　冰冻圈工程服役专题区划

冰冻圈服务与青藏铁路、青藏公路、南水北调工程、西气东输工程等重大工程密切相关。根据不同气候情景下冻土冻胀融沉的变化，从供给角度划定冰冻圈工程服役稳定性分区；结合公路、铁路、输油管道、输气管道等线性工程设施的当前和未来规划分布格局，从供给与需求结合的角度，制定冰冻圈工程服役专题区划图。冰冻圈工程服役专题区划可指导线性工程设施建设安全战略的制定与实施，对输油管道、输气管道、铁路

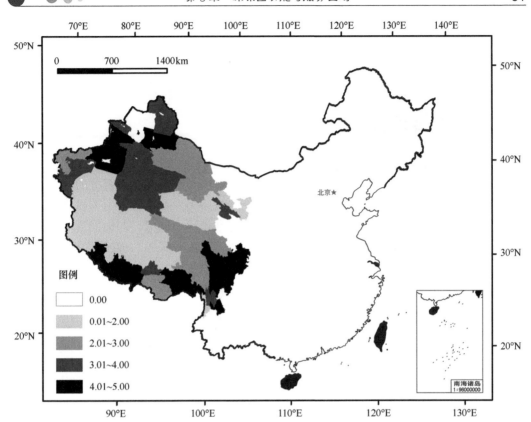

图 5.7　中国冰川旅游服务潜力分区

建设、公路建设等国家重大工程的现状维护和规划调整提出建议，制定不同情景下冰冻圈工程实施的优化改线和维护加固方案。

通过多年冻土和积雪空间格局预估重大线性工程冻土与积雪变化、冻融和积雪防治技术对工程服役性的影响，结合重大线性工程服役性功能评价模型，构建中国多年冻土和积雪区重大线性工程服役性空间模型，提出重大线性工程服役性功能区划标准，划分出当前和未来 50 年中国冻土和积雪区域重大线性工程服役性功能，并针对重大线性工程服役功能区划类型提出改善工程服役性功能的对策，从而为国家寒区工程建设提供科学支撑。

从气候因素、冻土因素、工程灾害类型、工程因素等出发，建立冻土工程服役性的评价指标体系。气候因素主要考虑气温、降水、地表温度、融化指数等，冻土因素主要考虑多年冻土温度、冻土活动层厚度、冻土类型、多年冻土连续率等，工程灾害类型主要包括工程变形大小、冻土工程病害率、气候变化下热融灾害等，工程因素主要考虑工程类型，如路基工程、输油管道、高速公路等，工程服役时间和维护费用等。根据不同工程类型下冻土的变化特征、病害率以及产生工程病害的难易程度，通过工程服务功能和工程稳定性综合确定工程服役性。综合以上研究，给出未来气候变化情景下冻土工程服役性能综合区划。

5.3　冰冻圈主导服务识别与综合区划

5.3.1　冰冻圈服务识别与评价

　　首先，基于土地利用（水资源服务）、工程设施（工程服役）、高寒畜牧业、旅游景观（人文服务）等多源异构数据，构建空间聚类分析模型，对冰冻圈服务的对象类别进行空间识别。例如，可将冰冻圈水资源服务的对象识别为农业耕地、生态林草、城乡生活、工业生产等。然后，按照评价对象和尺度差异遴选评价指标，即根据每项冰冻圈功能与服务的特性和评价需要，以及人类开发利用对于冰冻圈服务的依赖程度，对应冰冻圈功能与服务区划的指标体系中的不同指标组合，从供给侧（功能）与需求侧（服务）的关系剥离出冰冻圈要素的真实贡献。具体而言，需要根据冰冻圈服务重要性评价模型，在 ArcGIS 平台，将所有参评因素图像进行网格化处理，并进行空间配准，利用栅格计算模块对参评因素进行叠加运算，得到冰冻圈服务重要性系数。冰冻圈服务重要性评价方法以系统综合评价分析法为主，系统综合评价分析法是通过在不同要素图层施加权重，依据综合评价得分来划分区域单元。首先，将原始数据进行空间尺度统一和标准化处理，并根据需要综合运用主成分分析法、德尔菲法等计算要素的权重，然后再进行图层加权叠置，其主要适用于单项服务重要性评价。其计算公式为

$$S = \sum_{i=1}^{n} W_i \times S_i \, (i=1,2,\cdots,n) \tag{5.1}$$

式中，W_i 为 i 图层的权重；S_i 为第 i 个要素属性值；S 为综合评价得分。

　　在后续计算中，以栅格为基础尺度，得分数据不分级，直接采用冰冻圈服务重要性系数，可最大限度地减少信息的丢失，由此通过纵横对比的方法确定冰冻圈单项服务重要性评价成果。删除不重要和较不重要的服务分布，通过栅格归并模型使服务类型相同、空间邻近的栅格自动进行归并及识别分区边界，从而形成该项服务重要性的空间分布图。进而，根据服务效益最大化原则，通过区位熵算法等确定主导服务空间分布格局（图 5.8）。

5.3.2　冰冻圈服务的权衡与协同关系

　　随着全球气温升高，冰冻圈各要素普遍退缩，冰冻圈服务因时间尺度、空间尺度和利益相关者尺度的不同，表现出增强或减弱等不同的变化趋势。例如，水资源供给服务在一定阈值范围内先增强后不断减弱，其他大多数服务随气候变暖而持续减弱，表现出不同的变化轨迹。此外，冰冻圈的不同服务之间也可能存在此消彼长的关系。例如，对于水资源供给服务，如果过多强调其经济社会服务，则可能削弱其生态服务（图 5.9）。

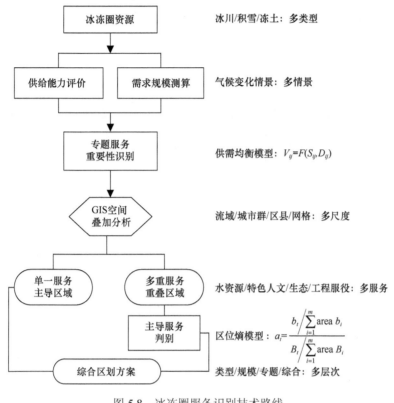

图 5.8　冰冻圈服务识别技术路线

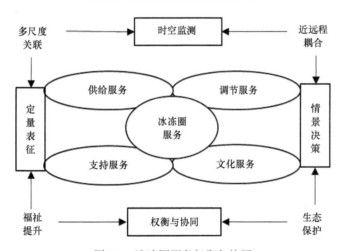

图 5.9　冰冻圈服务权衡与协同

因此，需要研究冰冻圈变化过程与冰冻圈功能、服务之间的定量关系，确定不同时空尺度上这些过程与服务强弱盛衰之间的关联，主要表现为功能增强期、平台期、拐点、衰退期乃至丧失期，从而揭示冰冻圈服务长时段演化特征。进而，通过长时段多源异构数据分析，揭示不同冰冻圈服务的空间规模和比例关系及其演化动态，凝练冰冻圈服务数量组合和空间布局的演化规律和变换法则。综上所述，需要从定性与定量方法同时入手，深入研究不同尺度下冰冻圈服务的协同和权衡关系，探索冰冻圈服务相容与互斥的空间组合问题（图5.10）。

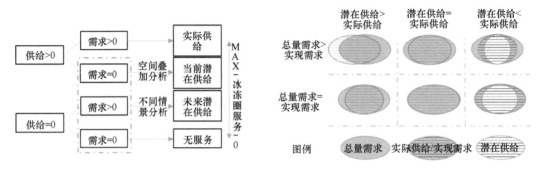

图 5.10 不同情景下冰冻圈供给（功能）与需求（服务）的数量与空间分析

随着全球气候变暖和人类活动干预，全球冰冻圈萎缩和部分区域冰冻圈消亡趋势显著，冰冻圈功能与服务在大环境的变化下兼具增强与衰弱等过程，冰冻圈服务与人类经济社会发展之间的供需关系亟待理顺，从冰冻圈服务与功能的盛衰演变、功能丧失阈限等角度来实施冰冻圈服务的主体功能区划，更显紧迫性与重要性。

5.3.3 冰冻圈主导服务识别

冰冻圈资源禀赋条件和社会经济需求要素在不同地域单元中的相互作用不一，其中某一种或某几种服务起着主导作用；同一地域单元中，一般同时存在多种服务，即同一承载空间同时对多种冰冻圈服务适宜，但对于不同的冰冻圈服务而言，其相对重要性不同。从现实意义剖析，人类对冰冻圈乃至整个地域系统的利用，不仅会考虑研究地区是否具有某项冰冻圈服务，还会思考该地区的服务效益在所在区域内是否最大。例如，在西北干旱地区，冰山、雪山脚下出山径流沿线有大量冰雪融水，该地区冰冻圈水资源供给服务较其他地区更强，人们也更趋向于在这些地区大力发展农业。再如，在青藏高原，冻土发育地区的冻土防止水源下渗、滋养植物的能力较其他地区强，可广泛发育沼泽湿地和寒区生态系统，于是人们趋向于维护和利用该地区的水源涵养服务，保证人们赖以生存的长江黄河源区的生态平衡、水文条件稳定。

冰冻圈主导服务是一定地域（r_i）在更大的地域范围（ΣR）内，在冰冻圈核心区、作用区、影响区的自然资源和生态环境系统中，以及在人类生活、生产、活动中的主导职能和作用。冰冻圈主导服务判定就是寻找每一个研究单元在整体冰冻圈服务空间分布格局中的主导服务，进一步识别为服务指向更为清晰的空间。冰冻圈主导服务判别的主线是相对重要性，即不比较不同服务之间的绝对价值量等，只比较它们的相对重要性（0～1）。与此相适应，本书利用区位熵算法来衡量每个栅格中不同服务的相对重要性，根据其大小判断单项服务的归属，即某分区某冰冻圈服务重要性与更大地域范围内该冰冻圈服务重要性的差距。地理学经典的区位熵模型反映某一部门对某种要素利用的专门化程度，以及某一区域在更大区域的地位和作用，其计算公式为

$$a_t = \frac{b_t \Big/ \sum_{i=1}^{m} \text{area} \, b_i}{B_t \Big/ \sum_{i=1}^{m} \text{area} \, B_i} \tag{5.2}$$

式中，a_t 为某一服务在更大范围的相对重要性值；b_t 为一定范围内某一服务重要性值之和；$\sum_{i=1}^{m} \text{area} \, b_i$ 为 m 种冰冻圈服务的相对重要性值之和；B_t 为更大范围内某一服务重要性值之和；$\sum_{i=1}^{m} \text{area} \, B_i$ 为 m 种冰冻圈服务的相对重要性值之和。该方法将邻域的影响考虑在内，即每个栅格在更大尺度的作用比传统准则判别法要更进一步。

5.3.4　冰冻圈服务综合区划

冰冻圈服务综合区划应以冰冻圈资源禀赋要素的地域分异规律为本底，以社会经济发展需要为导向，以资源环境承载力、生态保护红线等为约束，立足现实性分异和潜在性分异的冰冻圈服务时空异质性规律，从而识别冰冻圈服务空间分布格局并制定冰冻圈服务综合区划方案。遵循综合区划的研究范式，冰冻圈服务综合区划的核心思想是分区和分类，归并空间相邻、服务类型与特征一致的单元，将发生上统一、空间上邻近、内部一致性强且与外部差异显著的功能空间划分成不同等级单元，形成反映特定要素或功能分区、呈现地域分异规律的过程。其主要涉及加强区划认知、构建区划原则、涉及区划层级、构建指标体系、选用区划方法、确定区划方案等方面（图 5.11）。

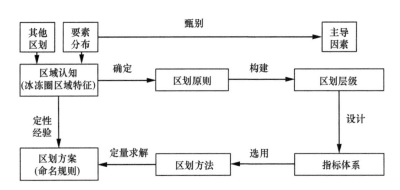

图 5.11　冰冻圈功能与服务综合区划总体框架

（1）区划流程：以三维魔方展开法、矩阵判别法为核心，以专家经验判断与区划对比分析法为辅助，制定冰冻圈服务综合区划方案。基于单项服务重要性评价结果和主导服务判定结果，通过栅格归并模型使服务类型相同、空间邻近的栅格自动进行归并及识别分区边界。一级区划和二级区划共同着眼于研究冰冻圈服务多尺度分异规律，并且有着类似"主要矛盾"和"次要矛盾"的逻辑关系，三级区划则深入刻画冰冻圈服务的地域位置、主导影响因素、供需关系类型、变化趋势类型等具体趋势与特征，展现出冰冻圈服务特征的现实性和潜在性地域分异规律。

第一，根据冰冻圈的自然属性和所具有的主导服务类型，从引发冰冻圈服务差异的主导因素入手，将研究区划分为基础生态、初级生产、人文发展 3 类冰冻圈服务一级区。

第二，在服务大区的基础上，从引发冰冻圈服务差异的次级因素入手，根据冰冻圈亚类服务的空间分布差异，将研究区进一步细分为气候（气体）调节、径流补给、生物多样性维持与保护、水源涵养、生态用水供给、农业用水供给、牧业用水供给、清洁能源供给、城镇生活用水供给、工业用水供给、冰雪游赏、工程服役等冰冻圈服务二级区。

第三，在服务亚区的基础上，按照主导影响要素、供需关系（含水资源匮乏程度类型）、变化趋势类型 3 个共性角度进行跨尺度综合和归纳，并加入体现区域特征的前缀命名，划分冰冻圈服务小区。

第四，运用空间叠加分析方法，基于全国人文地理区划、主体功能区划、自然区划、生态区划、农业区划、环境保护和治理区划等各种自然与人文地理区划，对区划结果进行总体复核和调整。

（2）区划层级：一级区划（服务大区）以大类服务为主导，二级区划（服务亚区）以亚类服务为主导，三级区划（服务小区）以冰冻圈服务的特征为主导，包括地域位置、主导影响因素、供需关系（含水资源匮乏程度）、变化趋势类型等共同形成最终的区划方案。

（3）区划单元：区划单元可分为基于栅格单元向上归并形成自然边界的区划方案和行政边界的区划方案，前者偏重在客观供给与需求状况和规律下形成的区划边界，更具有科学探索意义，后者偏重将研究成果以行政区划的单元呈现，更具有政策制定等实践价值。

（4）区划命名：①要恰当标明其所处的地理空间位置；②要准确表明其冰冻圈服务类型和主要特征；③同一级别冰冻圈服务区的名称应相互对应；④命名要简明扼要，易被大众接受。

（5）区划编码：分类编码是区划数据信息的主要分类标识码，可描述区划的分类、分级，分类编码具有科学性、通用性、唯一性、可扩充性、空间信息特性，每个级别的区划数据应该包含按照约定的格式存储的区划信息编码。

（6）区划制图：区划成果图着重反映区划等级系统和地域分异规律。区划内容可以采用色彩、线划要素和单元注记等综合表达和区分，色彩可以清晰地表达区划单元的宏观分区特征，线划要素可以清楚地表示不同分区的区划界线及其与区划等级之间的关系，单位注记可以表示每个区划单元的编码与属性。

如图 5.12 所示，一级区划包含 3 类服务大区、二级区划包含 12 类服务亚区、三级区划包含 258 个服务小区。以目标导向为主体、特征导向为补充的冰冻圈服务综合区划既不同于基于自然现象地域性差异为中心的自然地理区划，也不同于以人文现象地域性差异为中心的人文地理区划，其既要符合自然地理规律，又要服务于社会经济发展的综合区划，是指向冰冻圈资源开发利用与保护的具体功能区划。

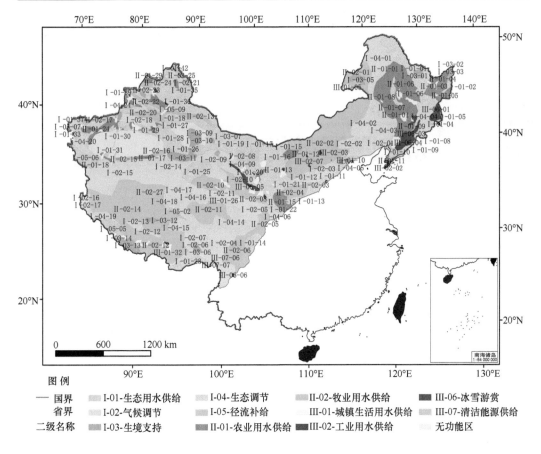

图 5.12 冰冻圈服务综合区划示例

思 考 题

1. 思考冰冻圈功能和服务综合区划与地理区划的主要异同点。
2. 列举几个冰冻圈服务权衡和协同关系的案例。

第6章
冰冻圈服务价值

　　冰冻圈服务是人类从冰冻圈得到的惠益，衡量惠益的一个有效途径就是对服务进行价值化评估。冰冻圈服务价值核算关系到对冰冻圈资源供给、流通和消费的合理描述，其是冰冻圈经济学的重要组成部分，服务价值化也是决策的重要基础。例如，一个有效的冰冻圈保护和社会经济协调发展决策需要对冰冻圈服务进行定量表述，进而对各种需求进行综合平衡，以达到环境和社会效益的极大化。本章主要借鉴生态服务价值化的理念和框架，阐述冰冻圈服务价值核算方法，并运用案例来展示冰冻圈服务价值化的可能路径。

6.1　冰冻圈资源及其服务价值估算原理

　　作为一种自然资源，冰冻圈也可以认为是在其原始或未改变的状态下产生经济价值过程的投入品。其价值可以体现在进入消费或使用过程中获得的直接经济收益。因此，"冰冻圈资源"价值是一个动态的概念，在气候变暖情景下，冰冻圈资源变得日益稀缺，其经济价值会随时间推移而提高。在人的干预下，通过把冰冻圈资源化，结合资本、技术或劳动力的投入，即产生产品。冰冻圈服务价值则通常体现在自然资源投入人类消费过程后得到的总体社会惠益的量化。

6.1.1　冰冻圈服务价值构成

　　冰冻圈与人类相互影响、相互作用，同时其内部也存在着相互影响的动态关系。冰冻圈服务指冰冻圈系统及其组成要素得以维持和满足人类生命的环境条件与过程。这种过程可以维持人类的水源需求或产出等。从理论上说，冰冻圈是广义生态系统中的一部分，其服务价值的构成也具有生态服务的特征。

　　对生态系统服务价值的探讨源于生态经济学家对于人类的自然环境收益的度量，为避免生态系统服务交互作用特性带来的价值核算出现重复计算问题，需要对生态系统服务进行合理分类。从经济学的角度，生态系统服务价值应从两个方面进行考察：一是在特定时间和空间尺度内，生态系统服务对人类提供惠益的价值总和，即总经济价值（total economic value，TEV）。二是生态系统自身能够维持目前和未来状态需要提供的持久稳定的服务流，即有效应对外界变化和扰动的能力。前者可以理解为产出价值，后者则可以理解为保障价值。

　　如图 6.1 所示，生态系统服务的保障价值与生态系统的恢复力和自我组织能力密切相关。生态系统的恢复力（第 7 章详细阐述）是生态系统在外界冲击后自我修复，以保持生态系统内部关键结构和功能的能力。在大多数情况下，恢复力通常被认为是测度某一系统在经过某种扰动之后返回其最初状态的能力指标。保障生态系统的恢复力包括保证生态系统过程和功能实现所需的最低限度的生态系统存量，这一最低限度的生态系统存量也可以理解为可持续发展范式所要求的"关键生态资本存量"。

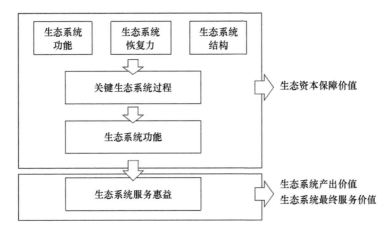

图 6.1　生态系统产出价值和保障价值（TEEB，2010）

　　冰冻圈服务主要体现为产出价值，即在特定时间和空间尺度内对人类提供惠益的价值总和，即总经济价值。类似于生态服务，冰冻圈服务惠益属性可以有许多种。如图 6.2 所示，可以将总经济价值分为使用价值（use value，UV）和非使用价值（non-use value，NUV）。使用价值是指人类为了满足消费或生产目的而使用的冰冻圈服务的价值，这些服务在当前可以被直接或间接地使用，或者是在未来可以提供潜在使用价值。使用价值

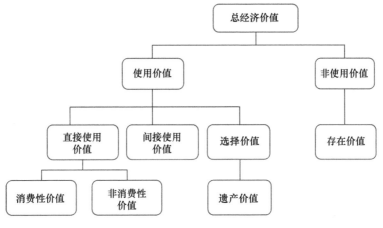

图 6.2　冰冻圈服务价值的构成

包括直接使用价值（direct use value，DUV）、间接使用价值（indirect use value，IUV）和选择价值（option value，OV）。非使用价值指人们在知道某种冰冻圈资源的存在（即使永远不会被使用）时确定的价值，主要指冰冻圈对未来核算区域外的其他社会经济体的影响，包括遗产价值（bequest value，BV）和存在价值（existence value，EV）。冰冻圈服务总经济价值可以用式（6.1）表示：

$$TEV = UV + NUV = DUV + IUV + OV + BV + EV \tag{6.1}$$

6.1.2　冰冻圈服务价值估算原理

自 20 世纪 60 年代以来，环境经济学家发展了一系列核算方法来评估人类从生态系统得到的惠益。生态系统服务价值评估的方法很多，依据其量化指标可以分为货币价值评估方法和非货币价值评估方法。货币价值评估方法包括直接市场法、揭示偏好法（revealed preference approach）、陈述偏好法（stated preference approach）等；非货币价值评估方法包括基于熵值、生物量、生态足迹核算方法等。这些方法在冰冻圈服务的价值估算体系中都可以得到借鉴。

直接市场法可分为三个主要分支：市场价格分析法、成本分析法和生产函数分析法。这一分析方法的优势在于直接从真实市场中获取数据，从而可以真实地反映个人偏好及个人使用冰冻圈服务的成本。从数据的可获得性而言，价格、消费数量和成本等数据都较容易获得。

市场价格分析法通常用于评估由冰冻圈供给功能产生的服务价值。供给功能提供的产品在多数情况下可以流通于市场，从而在理想的市场体制中，这些产品的市场偏好和边际成本能够很好地反映在市场价格上，因此产品的市场价格可以作为价值评估的有效指标，如融水和冰雪材料。这种价值估算大多适用于消费性服务价值，即从冰冻圈产生的服务产品在市场中可进行交易。

成本分析法通过假设利用人工系统生产出与冰冻圈等价的服务所需花费的成本来进行核算，如气候调节。成本分析法包括规避成本法（avoided cost method），即评估防止冰冻圈服务退化的成本，保护冰川快速消融；重置成本法（replacement cost method，RCM），即评估利用人工系统重置冰冻圈相关功能和服务的成本，如空调；减缓成本法（mitigation cost method），即评估减缓由于冰冻圈要素消失带来的福利损失的成本，如碳减排降低气候变暖。

生产函数分析法依赖于冰冻圈物理属性，研究其对经济活动的支持与保障功能，即冰冻圈服务对国民收入或生产力提高的贡献。

直接市场法基于已知市场数据虽然可获得性更强，但是对于评估冰冻圈服务价值，其研究结果存在着很大的不确定性。首先，冰冻圈服务的非市场属性使得很多与之相关的市场数据不可获得。即使存在相应的市场，在市场扭曲或不完善的情况下（如水价），使用市场价格作为衡量基准也会造成相应误差。其次，市场价格并不能准确真实地反映冰冻圈服务和产品的全部价值。事实上，许多冰冻圈服务价值属于非市场价值。基于新古典主义经济学效用基础上的价值评估方法受个人所处制度环境的影响而存在不确定性。

揭示偏好法属于一种间接观测行为法，利用实际观测到的行为数据，但是这些数据不是直接的冰冻圈服务方面的行为数据。在缺少关于某一种特定服务的实际市场行为的情况下，该方法可以通过确定某一代理市场并假设它与所要估算的冰冻圈服务价值具有直接关系，然后利用代理市场行为计算价值。揭示偏好法主要包括两类研究方法：旅行费用法（travel cost method，TCM）和享乐价格法（hedonic pricing approach，HPM）。旅行费用法利用到达某一目的地的旅行费用来计算该目的地的需求函数，如个人对于到某冰川游览所愿意付出的成本。享乐价格法主要研究某一市场商品隐含的环境和自然因素，即冰冻圈的改变产生的影响反映在该产品（主要指不动产）价值的变化。

类似于直接市场法，运用揭示偏好法评估冰冻圈服务价值也会受市场和政策的影响，从而造成其结果的偏离。研究者需要大量可行的数据进行复杂的统计分析，同时这类研究方法依赖于对个人实际行动的观察，而对非使用价值的评估则无从入手。

陈述偏好法是指预设情景（如政策变化）下，市场对冰冻圈服务产生的需求。其主要通过市场调查或社会调研等方法实现。陈述偏好法可以用来衡量使用价值和非使用价值，而不受制于所研究的冰冻圈服务的市场是否存在。其主要包括：条件估值法（contingent valuation method，CVM），即通过问卷调查分析受访者对改变冰冻圈相应服务的支付意愿，或对接受冰冻圈服务减少的补偿意愿；选择模型法（choice modeling method，CMM），即在给定情景下，采用建模的方法分析个人在给定情景下的决策过程；群体估值法（group valuation method，GVM），通过综合利用陈述偏好法的各种分析技术并将其与政治科学的决策过程相结合，分析基于个体的分析方法可能造成的价值遗漏，如价值多元化、非人类相关价值，或社会正义等与冰冻圈服务估算相关的问题。

许多生态学家采用生物物理学核算方法评估生态系统价值。与基于偏好分析的方法不同，生物物理学核算方法常常采用生产成本的核算模式进行分析。这类核算方法基于核算目标的内在属性来评估其物理参数，如能值、效用能、热能等，再通过一定的转换率转化为货币价值。生物物理学核算方法对于生态系统供给服务价值的核算非常有效。但是对于不涉及直接的生物物理要素转换的生态系统服务价值，如文化价值、审美价值、存在价值等，生物物理学核算方法就无法使用。生物物理学核算方法虽然能够较准确地核算出生态系统的物质量、能量或能值的变化，但是生态系统的物质循环和能量转换不足以实现对全部生态系统服务价值的评估，即便用一定的转换率将生态系统的生物物理变量转化为货币当量，但由于其信息的缺失过大，也不能够为生态相关的政策决策和制定提供充分的技术支持。如何在冰冻圈服务上运用生物物理学核算方法还有待进一步研究。

以上所述的冰冻圈服务价值估算方法常常是针对单个冰冻圈要素对生态-经济-社会关联系统影响进行分析。总体而言，这类研究采取的研究方法、评估指标和核算体系千差万别，一方面可以导致对冰冻圈服务核算缺乏总体评估和横向比较的信息基础，无法为政策制定提供理论和技术支持；另一方面，这种核算方式不确定性非常高。因此，冰冻圈服务的核算还有待进一步发展。

6.2　冰冻圈服务价值评估方法

冰冻圈服务不管是其自然属性还是社会属性，人类社会最后都得益于冰冻圈及其与其他圈层相互作用的结果，即供给服务、调节服务、文化服务和支持服务。冰冻圈服务价值分析与生态系统服务具有相似性。

针对冰冻圈服务特点，参考生态系统服务价值评估研究结果，建立冰冻圈服务价值评估体系，各类型服务价值评估方法见表6.1。

表 6.1　冰冻圈服务价值评估方法

冰冻圈服务功能分类		价值评估方法			评估难度
		直接使用价值	间接使用价值	非使用价值	
供给服务	淡水资源	MPM			较易
	清洁能源	RCM			较难
调节服务	气候调节		RCM、WTP、HPM		难
	径流调节		SEM		难
	水源涵养与生态调节		SEM、RCM、MPM		难
文化服务	美学观赏与游憩服务			WTP、TCM	较难
	科研研究与环境教育			RCM、CAM	较难
	宗教精神与文化结构			RCM、WTP	较难
支持服务	提供栖息地	OCM、CVM			较难

注：MPM（市场价格法，market price method）；WTP（支付意愿法，wish to pay method）；SEM（影子工程法，shadow engineering method）；EM/CAM（费用支出法或费用分析法，expenditure method or cost analysis method）；OCM（机会成本法，opportunity cost method）。

6.2.1　冰冻圈服务价值评估方法类型

服务价值的量化通常以货币为单位。货币价值评估是目前影响最大、应用最广的服务价值测度方法之一。冰冻圈服务价值评估方法主要可以分为：市场价格法、影子工程法、机会成本法、旅行费用法、条件价值法和价值当量法。

1. 市场价格法

市场价格法又称生产率法。用这种方法评估服务价值时利用环境质量变化引起的某区域产值或利润的变化来表示环境质量变化的经济效益或经济损失，可以认为是服务价值核算中减缓成本法的进一步推广。这种方法把环境看成是生产要素，环境质量的变化导致生产率和生产成本的变化，用产品的市场价格来计量由此引起的产值和利润的变化，从而估算环境变化所带来的经济损失或经济效益。市场价格法所需数据量相对较少，易计算，同时可应用于从经济价值角度出发核算人类资源利用活动引起的对冰冻圈资源变化的影响。

其计算公式如下：

$$V = (P - C_v) \Delta Q - C \tag{6.2}$$

式中，V 为冰冻圈资源价值；P 为市场上产品的价格；C_v 为单位产品的可变成本；C 为成本；ΔQ 为产量变化。

2. 影子工程法

影子工程法是恢复费用的一种特殊形式，是某一环境被污染或破坏以后，人工建造一个工程来代替原来的环境功能，用建造该工程的费用来估计环境污染或破坏造成的经济损失的一种方法，可以认为是生态服务核算方法中的重置成本法。因此，影子工程法也叫替代工程法，常用于当环境的经济价值难以直接估算时，可借助于能够提供类似功能的替代工程来表示该环境的生态价值。该方法将难计算的生态价值转换为可计算的经济价值。但其也有不足：第一，替代工程的非唯一性；第二，两种功能效用的异质性，生态系统的许多功能是无法用技术手段来代替的；第三，人们支付意愿的时间性。为尽可能减少误差，可考虑同时采用几种替代工程，然后选取最符合实际的或取其平均。

同理，影子工程法用于冰冻圈服务价值计算时，可表示为

$$V = f(x_1, x_2, \cdots, x_n) \tag{6.3}$$

式中，V 为冰冻圈服务价值；$x_1, x_2, \cdots, x_n$ 为替代工程所需的不同费用。

3. 机会成本法

机会成本法是指在无市场价格的情况下，资源使用的成本可用所牺牲的替代用途的收入来估算。任一自然资源都存在许多互相排斥的备选方案，但资源是有限的，选择了这种使用机会，就放弃了另一种使用机会，也就失去了另一种获得效益的机会。我们把其失去使用机会的方案中获得的最大经济效益作为该资源选择方案的机会成本。例如，假设某水资源具有三种用途：农业灌溉、工业用水和城市生活用水。如果我们选择了农业灌溉，则工业用水和城市生活用水的功能就不复存在。那么，工业用水、城市生活用水二者哪个创造的效益可能最大，哪个的效益就是该水资源用于灌溉的机会成本。机会成本法考虑资源的稀缺性，适用于不可替代资源的价值评估。机会成本法的计算公式可表示为

$$L = \Sigma L_i = \Sigma S_i W_i \tag{6.4}$$

式中，L_i 为第 i 种资源损失机会成本的价值；S_i 为第 i 种资源的单位机会成本；W_i 为第 i 种资源损失的数量。机会成本法适用于对某些资源应用的社会净效益不能直接估算，自然保护区或具有唯一性特征的自然资源的开发项目的评估。

4. 旅行费用法

旅行费用法是揭示偏好法的一种，是利用游憩的费用（常以交通票和门票费作为旅游费用）资料求出"游憩商品"的消费者剩余，并以其作为生态游憩的价值。它通过观

察人的市场行为,以某一游憩区的游人所支付的游憩费用(包括他们时间的机会成本)为自变量,调查旅游者居住地和游憩区周围不同地区的人口总数,建立旅游费用-游憩需求模型。根据该需求模型对应的函数关系计算人的消费者剩余。旅行费用法的应用必须建立在一定的假设条件之上:所有游客可在游区获得相同的游憩总效益,它等于边际游憩者的旅行费用;边际游憩者的消费者剩余为 0;游憩费用是可靠的替代价值,它的依据是假设费用的支出只导致旅途费用的增加;所有人的个体需求曲线具有相同的斜率,即所有人不论游憩地远近,在给定费用的条件下进行游憩服务消费的数量是相同的。

旅行费用法估计的是环境物品或服务价值。旅游者为此而付出的代价可以看作是对这些环境商品或服务的实际支付,而支付意愿就等于消费者的实际支付与消费者某一商品或服务所获得的消费者剩余之和。但旅行费用法由于消费者的多目的性的存在,评估结果会被高估,而定义和衡量旅行时间成本存在很大争议,且价值评估的结果很大程度上受区域社会经济发展水平的影响。

5. 条件价值法

条件价值法也叫问卷调查法、意愿调查评估法、投标博弈法等,即陈述偏好法的一种,属于模拟市场技术评估方法,它以支付意愿(WTP)和净支付意愿(NWTP)表达环境商品的经济价值。条件价值法是从消费者的角度出发,在一系列假设前提下,假设某种"公共商品"存在并有市场交换,通过调查、询问、问卷、投标等方式来获得消费者对该"公共商品"的 WTP 和 NWTP,综合所有消费者的 WTP 和 NWTP,即可得到环境商品的经济价值。根据获取数据的途径不同,条件价值法又可细分为投标博弈法、比较博弈法、无费用选择法等。

6. 价值当量法

生态系统的功能区一般用土地利用方式来描述,生态系统的服务价值核算可以通过计算每种土地利用类型的服务价值当量来计算总体的服务价值。

结合不同陆地生态系统单位面积生态服务价值当量表与土地利用类型数据,不同土地类型生态服务价值的计算公式如下所示:

$$\text{ESV}_{ij} = \text{VC}_{ij} A_i \tag{6.5}$$

式中,ESV_{ij} 为第 i 种土地类型的第 j 项生态服务功能的价值;VC_{ij} 为第 i 种土地类型的第 j 项生态服务功能的单价;A_i 为第 i 类土地类型的面积。

价值当量法的计算精度主要在于对应的每种服务功能的单价定义,不同地区实际上每种服务功能差别较大,且单价受市场因素和土地类型成长程度的影响也很大,针对不同的地区,应当校正服务价值当量表。

6.2.2　不同类型冰冻圈服务价值评估方法

冰冻圈服务反映了冰冻圈的社会经济属性,它是基于人类需求而存在的。参考上述价值核算方法，结合冰冻圈特点，以下主要对供给服务、调节服务和文化服务的价值评估方法做简单介绍。

1. 供给服务

冰冻圈融水能够直接为影响区居民提供生活、生产用水资源，一类是冰冻圈要素在消融后汇入河道向中下游地区间接提供淡水资源；另一类则不同于该种淡水供给，在北极常年封冻地区，当地居民在漫长的冬季通过存储冰块来保证自身生活淡水资源的供给，诸如此类淡水资源供给服务有异于水源涵养服务，它是能够被人类直接使用的水资源所带来的服务价值。如果把淡水市场价格作为人类的支付意愿代表其价值，其计算公式可以表述为

$$V = y \times p \tag{6.6}$$

式中，V 为服务价值；p 为单位淡水的市场价格；y 为冰冻圈要素提供的淡水资源量。

供给服务还可体现在再生能源上。高山区域是冰冻圈发育的重要地区，而高山地区的水源沿河流向低海拔地区汇流伴随着巨大的重力势能，这些地区是水电站建设的理想区域。

$$V = r \times y \times p \tag{6.7}$$

式中，V 为服务价值；r 为冰冻圈水资源比例；p 为单位电价的平均价格；y 为发电量。

2. 调节服务

如 4.4 节已阐述，冰冻圈的调节服务有多种，其中一种就是气候调节服务。冰冻圈要素提供的气候调节服务包括增大地表反射率、吸收热能、碳存储等。冰川和积雪的反照率能够达到 90%，可以减少地表吸收的辐射量，从而缓解全球变暖。冰冻圈要素如冰川和积雪在温度升高达到消融状态时，通过感热吸收辐射热来减缓温度升高。另外，有研究表明，多年冻土是巨大的碳汇区域，一旦冻土退化，埋藏在冻土中的碳将汇入大气，加剧全球变暖的进程和程度。前两种服务属于间接使用价值，冰冻圈的碳存储气候调节服务属于非使用价值，冰冻圈要素未消融时这些价值并不能体现出来。

冰冻圈要素，尤其是冰川和积雪对主要由冰冻圈水资源补给的流域来说不仅仅是重要的水资源来源，而且对流域的径流量调节起到重要作用，有研究表明，在降水量少的年份，冰冻圈融水对径流的调节作用会增大，对维持流域生态和居民生活、生产起到更大的作用。这部分的价值可以通过环境消耗成本计算来表示，如冰冻圈融水对生态、生产、生活的径流调节服务价值，可以用地下水开发带来的环境和挖掘消耗成本来计算。

3. 文化服务

冰冻圈要素具有独一无二的美学价值，有很多与冰冻圈相关的旅游景点，如东北雪乡、高山冰川、南北极等。其计算公式如下所示：

$$V = A \times P \tag{6.8}$$

式中，A 为冰冻圈要素面积；P 为单位面积旅游价值。

6.3 冰冻圈服务价值评估案例

6.3.1 积雪服务价值评估——以额尔齐斯河流域为例

积雪服务具有多样性，这里将积雪服务分为供给服务、调节服务、文化服务和支持服务四大类，并进一步分为淡水资源、水力发电等 9 个亚类。以额尔齐斯河流域为例，来评估积雪服务价值。各类服务价值评估方法见表 6.2，其中，水源涵养和生态调节服务、宗教和文化服务、生物多样性服务在缺少基础数据的情况下很难采用经济模型评价其价值，所以这里暂不考虑其价值。各积雪服务类型服务价值的计算过程如下。

表 6.2 积雪服务类型及价值评估方法

服务类型		评估方法
供给服务	淡水资源	市场价格法
	水力发电	机会成本法
调节服务	气候调节	重置成本法
	径流调节	影子工程法
	水源涵养和生态调节	—
文化服务	美学观赏和娱乐	旅行费用法
	科学研究和环境教育	重置成本法
	宗教和文化	—
支持服务	生物多样性	—

1. 淡水资源

淡水资源服务价值运用市场价格法进行评估。1979~2016 年平均积雪递减质量为 10.2×10^6 t（$p < 0.05$），通过取恒定积雪密度 240kg/m³，计算得到年平均积雪递减质量等量的水的体积为 1.02×10^7 m³。在此基础上，通过影子价格计算总价值。影子价格是指资源的潜在边际效益，不同于水资源的市场价格，其能够更准确地反映资源的稀缺性和区域经济发展水平。这里影子价格取 3.70 元/m³。

2. 水力发电

水力发电服务的损失价值运用机会成本法进行评估。在无市场价格的情况下，资源使用的成本可以用所丧失的替代用途的收入来估算。这里用与年平均积雪递减质量相等的等体积水量作为对应山区水库的库容总量，并以分布在流域内的重点水库的平均发电量为标准计算发电效益。根据实际情况，流域内水库平均单位库容发电量取 0.37（kW·h）/m³；新疆小水电上网电价取 0.24 元/（kW·h）。

3. 气候调节

在气候变暖背景下，积雪范围的缩减会降低其气候调节的能力，积雪的减少会间接导致更多的辐射吸收，从而使得地球表面吸收更多的能量。基于此，这里用 CO_2 排放增加的能量吸收代替积雪减少导致的能量吸收增加。通过计算，额尔齐斯河流域积雪减少每年会增加 270 J/m^2 的辐射强迫，相当于 57 万 t 碳排放所产生的热量。依据国际上规定的中国碳排放成本价格，运用重置成本法估算得到额尔齐斯河流域气候调节服务的损失价值。

4. 径流调节

随着气候变暖，山区气温升高使得雨/雪比例增大、春季融雪速率增大，从而导致春季径流提前，也导致径流年内分配不均。积雪径流调节服务的损失价值可用影子工程法进行计算。这里用与年平均积雪递减质量相等的等体积水量作为流域内水库的库容总量，来估算库容工程造价总成本作为积雪径流调节服务的价值：

$$V_r = V_w \times P_c \tag{6.9}$$

式中，V_r 为径流调节服务的价值（元）；P_c 为研究区单位库容工程造价成本（这里参照谢高地等引用的单位库容投入成本 3.07 元/m^3）。

5. 美学观赏和娱乐

美学观赏和娱乐服务价值可用旅行费用法进行评估。通过分析消费者的旅游消费行为，来估算对未来非市场产品或服务的使用价值：

$$V_a = T \times r \tag{6.10}$$

式中，V_a 为美学观赏和娱乐服务价值的替代经济价值（元）；T 取 2016 年阿勒泰地区旅游收入（7.61×10^9 元）；r 为年平均积雪量递减速率（即 0.3%）。

6. 科学研究和环境教育

科学研究和环境教育服务价值可以运用重置成本法进行评估。由于可获取数据有限，我们用每年国家与地方政府为研究区提供的与积雪相关的科研经费代替其经济价值：

$$V_s = R \tag{6.11}$$

式中，V_s 为科学研究和环境教育服务的价值（元）；R 为与积雪相关的科研经费，为了简化计算过程，我们取 R 为中国国家自然科学基金提供的年科研经费（查询结果为 1.87×10^7 元）。

最终评估结果表明（表 6.3），额尔齐斯河流域积雪服务价值年损失 19610 万元，其中供给服务价值损失为 3860 万元，占总服务价值损失的 19.68%；文化服务价值损失为 4150 万元，占总服务价值损失的 21.17%；调节服务价值损失为 11600 万元，占总服务价值损失的 59.15%。

表 6.3　额尔齐斯河流域积雪服务损失价值

服务类型		价值/（万元/a）	比例/%
供给服务	淡水资源	3770	19.22
	水力发电	90	0.46

续表

	服务类型	价值/（万元/a）	比例/%
文化服务	美学观赏和娱乐	2280	11.63
	科学研究和环境教育	1870	9.54
	宗教和文化	—	—
调节服务	气候调节	8470	43.19
	径流调节	3130	15.96
	水源涵养和生态调节	—	—
支持服务	生物多样性	—	—
总计		19610	100

6.3.2 北极地区陆地积雪气候调节服务价值评估

冰冻圈要素的高反照率，使地球能够反射大量的太阳辐射；同时，其消融也会吸收热量，从而起到降低地球表面温度的效果。冰冻圈要素的这些特性使其能够提供大量的气候调节服务。对北半球积雪遥感数据计算得出（图6.3），1987～2015年北极地区陆地积雪的平均辐射强迫为 10 W/m²。从全球来看，北极地区陆地积雪能够减少地球表面 0.24W/m² 的热量吸收效率，其减少速率为 0.0013（W/m²）/a。

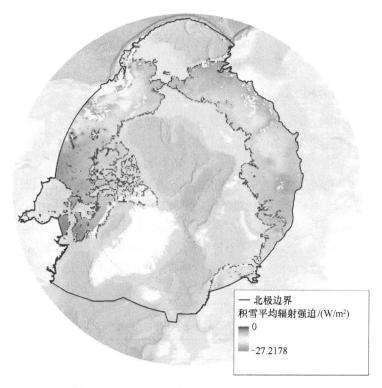

图 6.3　北极地区陆地积雪平均辐射强迫分布

由于积雪减少,其提供的气候调节服务逐年衰弱,因此增加的热量相当于人类往大气中多排放了 CO_2,依据能量等价模型(DICE),可以将其增加的辐射强迫转化为大气 CO_2 浓度增加。经计算得到,1987~2015 年累计减少的北极地区陆地积雪相当于大气中增加了 6.16 亿 t 的 CO_2,这与韩国 2015 年 CO_2 的排放量(6.17 亿 t)相当。

6.4 服务价值极大化途径及其举措

服务价值极大化指在一定的限定条件下,人类利用资源提供的有限服务创造出最大的价值。人类利用资源创造服务价值,以实现人类社会的发展。由于资源的稀缺性和人类社会的复杂性,资源产生的服务价值通常难以达到极大化,也就未能实现人类最高效的发展。通常会通过国内生产总值(gross domestic product,GDP)来衡量国家或地区的经济发展水平,但是当可耗竭资源呈现稀缺趋势,或者环境出现恶化时,需要通过社会自我限制反馈机制推动资源的利用方式,以达到可持续、稳定的发展状态。评价国家或地区发展或可持续水平的主要指标有以下几种:绿色 GDP(green gross domestic product,GGDP)、真实储蓄(genuine saving,GS)和总财富(total wealth)。

GDP 是衡量国家或地区经济状况的主要指标。在可持续发展逐渐成为人们追求的发展模式的背景下,单一的 GDP 指标由于没有考虑自然资源亏损,其在衡量一个国家或地区发展的健康状况方面存在局限。人类对自然资源的需求持续增长,而自然资源由于其稀缺性,并不能无限满足人类需求。在发展中国家,自然资源占到了总财富的 20%,为了追求快速的经济发展,人们通常以破坏生态环境为代价,这样势必使服务价值降低。基于自然资源消耗或环境破坏为代价的发展是不可持续的。

GGDP 是综合环境经济核算体系中的核心指标,其在衡量 GDP 的同时考虑资源损耗和环境污染损失。

GS 基于 GGDP,通过增加固定资产折旧、最终消费和教育经费支出来评价国家或地区的发展是否可持续,将 GS 为 0 作为临界值,所有低于 0 的 GS 都是不可持续的。

总财富是更加详细的评价体系,是衡量国家或地区财富积累的指标,包括生产性资本(机械、设施、设备和建筑土地等)、自然资本(能源、矿物、木材、耕地、保护区等)、海外净资产、隐性资本(教育、科研和法律等)等。其中,自然资本指能从中导出有利于生计的资源流和服务的自然资源存量(如土地和水)和环境服务(如水循环),还包括森林、草原、沼泽等生态系统及生物多样性,其是查清国家或地区财富家底与发展潜力的有效指标。

利用总财富来计量发展水平,有利于计量可持续性发展的资本积累,以求未来更好地积累国民财富。查清财富家底后,如何合理利用导出的自然资源流,以达到自然资源的服务价值极大化目标,也是人们关注的重点。以不变开采成本的可耗竭资源为例,在资源固定的情况下,需要合理选择耗竭时间和资源耗竭前的开采路径,使净效益现值最大化。

不同于矿产、化石燃料或木材等自然资源,冰冻圈资源受气候系统影响较大,冰川退缩、积雪减少、冻土退化及海冰减少等都主要由工业化以来的气候变暖导致。这些冰冻圈要素及其功能向人类社会产生服务的驱动力主要由气候决定，如气温升高使冰川为下游提供更多的淡水资源，这个资源服务过程并非由局地人类活动影响而形成，而是受大尺度、长期气候变化以及全球尺度人类排放等因素影响。如果要详尽地衡量冰冻圈资源的极大化途径，则需要从区域尺度乃至全球尺度来思考这个问题。尽管如此，我们可以尝试在局域尺度进行冰冻圈资源服务价值极大化的探索，如使用成本–效益分析模型。

假设一种可耗竭的冰冻圈资源的需求曲线随着时间呈线性平稳变化，第 t 年的逆需求曲线可表示为

$$P(t) = a - b \times q(t) \tag{6.12}$$

式中，$P(t)$ 为第 t 年的资源价格；$q(t)$ 为第 t 年的资源使用量；a 和 b 为需求曲线系数。

到第 t 年，年总效益为

$$总效益(t)_i = \int_0^{q(t)} (a_i - b_i \times q_i) \times \mathrm{d}q = a_i \times q_i(t) - \frac{b_i}{2} \times q_i(t)^2 \tag{6.13}$$

式中，i 为不同区域。假设相应资源使用成本 c_i 为常数，第 t 年开发 $q_i(t)$ 的总成本可被记为

$$总成本(t) = c_i \times q_i(t) \tag{6.14}$$

在时间 t 该资源总的可用数量是 $\overline{Q(t)}$：

$$\overline{Q(t)} = \sum_{i=1}^{n} q_i(t) \tag{6.15}$$

式中，n 为资源分配区域总数。

若不存在可替代资源，则资源在每年内的动态配置应该满足最大化目标函数：

$$\max_q \sum_{i=1}^{n} \left[a_i \times q_i(t) - \frac{b_i}{2} \times q_i(t)^2 - c_i \times q_i(t) \right] + \lambda \times \left[\overline{Q(t)} - \sum_{i=1}^{n} q_i(t) \right] \tag{6.16}$$

其冰冻圈资源在空间上的优化分配可以通过下列方程得到，以达到最大使用效率：

$$a_i - b_i \times q_i(t) - c_i - \lambda = 0 \tag{6.17}$$

$$\overline{Q(t)} - \sum_{i=0}^{n} q_i(t) = 0 \tag{6.18}$$

思 考 题

1. 简述冰冻圈服务价值的估算原理和常用方法。
2. 选取某一冰冻圈典型区，尝试评估该地区冰冻圈服务价值。

第 *7* 章

冰冻圈影响区社会生态恢复力

随着地球系统进入人类世,冰冻圈各要素快速退缩并对社会–生态系统可持续性产生深远影响。一方面,冰冻圈功能和服务已经呈现减弱迹象,并可能继续加剧,冰冻圈致利效应面临严重危机;另一方面,近年来冰冻圈灾害也以频发的极端事件呈现加剧态势。恢复力(resilience)以降低脆弱性为总目标,从系统科学视角维持和培育系统应对外界胁迫的能力,从而为环境问题的政策制定和管理提供了一个非常实用的框架。开展冰冻圈影响区恢复力评估和建设,可以为应对气候变暖引起的冰冻圈变化及其影响提供重要路径。本章首先介绍恢复力概念和内涵的历史演变并辨析与其密切相关的其他几个重要概念,然后呈现变暖背景下地球系统临界成员中的冰冻圈要素以及冰冻圈功能及其服务衰退引发的级联效应,最后介绍实施冰冻圈影响区社会生态恢复力建设的路径,并以北极地区和青藏高原及其毗邻地区为例进行具体阐述。

7.1 恢复力的概念和内涵

7.1.1 恢复力概念和内涵的历史演变

恢复力(resilience)源自拉丁文 resilio(re=back 回去,silio=to leap 跳),即跳回的动作。在力学中,恢复力是指材料在没有断裂或完全变形的情况下,因受力而发生形变并存储恢复弹性能量。1973 年,Holling 创造性地将其应用于生态系统稳定性的研究中,定义生态系统恢复力为生态系统及其内部反馈吸收并维持"状态变量、驱动变量以及参数变量"发生变化的能力,这一定义为生态平衡观提供了重要的理论基础。生态平衡观认为,自然生态系统的行为是由趋向系统稳态的内核驱动力决定的,即生态系统主要通过负反馈过程来应对干扰。因此,生态系统如果发生变化,其将通过自身调节作用尽可能减缓这种变化,并在系统扰动之后恢复到原本状态。

社会科学最先受益于恢复力理念并推动其内涵获得进一步发展。20 世纪 70 年代中期,恢复力始见于人类学、文化理论和其他社会科学,这些相对非传统领域里的重要研究对恢复力内涵的发展起到重要的促进作用。因此,恢复力开始偏离平衡态观点,转向用更灵活、更实用的方式表述社会–生态系统。例如,在生态人类学研究中,Andrew Vayda 和 Bonnie McCay 就用新恢复力观点对传统的单一平衡态观点提出了挑战。

20 世纪 80 年代末至 90 年代初,恢复力发展成为一个理论框架。这不仅仅因为它已应用于整个社会–生态系统,而且它管理、整合和利用变化的思想也被纳入恢复力内涵之中。恢复力不仅仅只是吸收冲击,而且还管控外部压力引发的变化来推动社会–生态系统的进化。恢复力概念发展为社会–生态系统通过承受外界干扰、自组织和适应改变,进而维持其基本结构和反馈的能力。这不单指系统维持或回到原来状态的能力,还涉及在不确定性的变化中适应和学习的能力。这些能力概括起来可包括 3 个方面:①吸收能力,即能够应对并吸收外来冲击和胁迫影响的能力;②适应能力,即调整和适应外来的冲击或胁迫,并保持整个系统以大致相同的方式继续运作的能力;③转换能力,即当原有的运作方式不再有效时,从根本上变革该系统属性的能力。

7.1.2　恢复力与其他相关概念的关系

1. 可持续性

可持续性是 1972 年在斯德哥尔摩召开的联合国人类环境大会的主要议题,也是著名的布伦特兰报告使用的一个关键概念。经济发展、社会发展和环境保护是可持续性的三大支柱,它们也在 2005 年召开的信息社会世界峰会上被确定为可持续发展的目标。就三大支柱之间的关系而言,主导观点是可持续性的三大支柱之间不是相互排斥,而是相辅相成的,如图 7.1(a)中三个重叠的部分所示。图 7.1(b)则是更为现代的诠释,该观点认为经济和社会是镶嵌在环境中的一部分并受到环境承载力的制约。另外,一些可持续发展专家和实践者还为可持续性增加了第四支柱,其试图将代际公平包含进去,这反映了他们对可持续发展相关问题的长期思考。

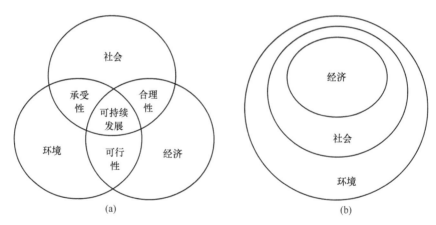

图 7.1　可持续性三大支柱之间的关系
(a)三个相互作用的环路;(b)三个嵌入的环路

然而,恢复力是一个针对某一特定系统、特定事件的概念,在时间尺度上有别于可持续性。因为恢复力不是一种标准,而可持续性则涉及社会–生态系统的长期轨迹和发展需要,是一个比恢复力更加宏观而综合的概念。

2. 适应

适应是一系列自发或外来、主动或被动的过程或行为，以帮助相关系统吸收已经发生变化或预测应对未来将发生变化的过程和行动。这些过程和行动既可存在于自然界，也可源于人类主动或被动的行动。但需注意，这种描述排除了一些自然的和非主动的过程。在受到某些外部压力后或在某些特定环境下，这些过程对有机体、种群、生态系统乃至社会–生态系统演变都是非常重要的。

从政策角度考虑恢复力时，要将主动的和以行动者为中心的适应概念与恢复力进行区别。恢复力强调以更为系统的方式构建社会–生态网，而且这种网络不仅能吸收变化，也能利用这些变化开发出更有效的和/或更合理的系统结构。然而，要实现气候恢复力，也需要融合原有的适应概念，因为恢复力的概念包含了从负面事件中的恢复。

3. 脆弱性

脆弱性指系统遭受外界特定影响或冲击时损失的程度或倾向，是影响恢复力的一个重要因素，可包括敏感性和适应能力两个内涵。适应能力是指系统适应现在或未来外界环境变化及影响而维持系统功能的能力，从某种有意义上讲是脆弱性的反面，常常与经济和社会能力相关。敏感性则更为注重系统随外界环境变化而引起的自身变化。

至于脆弱性和恢复力的关系，以脆弱性社区为例，那些最有可能遭受重大负面影响，即脆弱性高的社区，恰恰没有能力发展健全的适应和恢复力体系。这是因为降低脆弱性、提高适应能力和恢复力的措施往往都依赖于类似的社会经济要素。从另一个角度来说，如果一个社区有较低的恢复力，往往也是其高脆弱性导致的外界冲击过度，对恢复力的要求难以满足。所以，这些概念在很大程度上有着紧密的相关性，高脆弱性往往意味着低恢复力和高敏感性，反之亦然。

7.1.3　恢复力理念的实用性

恢复力传递了一个重要理念，即人类必须应对全球环境变化的威胁并且能够对威胁做出合理响应。恢复力理念可以加深我们对环境过程的理解，并为研究人员、工程师、政府和政策制定者应对环境变化影响的可持续性对策提供合作交流平台。

首先，恢复力支持系统的多元动态平衡观。恢复力最初基于单一平衡态理论，即系统受到干扰后只要回到它原来的状态即可。但现代恢复力认为，社会–生态系统可以在众多的可能状态之间维持稳定发展。这一理解使人们得以从恢复力就是为了恢复到原状的旧理念中走出来。扰动之后恢复原状的想法可以考虑，但从根本上来说，我们要获取一种应对当前和未来挑战的新途径。

其次，恢复力强调应对外界变化影响过程中做好预防措施的关键作用，因为预防是恢复力建设中不可缺少的一个阶段。尽管适应一直是一个需要考虑的关键因素，但一个国家或社区仅靠适应这一途径并不能完全应对气候变化。通过实施恢复力战略，决策者等在事发前采取更综合的措施，会大大减轻外界胁迫变化的负面影响。

最后，恢复力承认系统内各子系统之间的跨尺度连通，要求各子系统充分协调，从而拥有更强的系统凝聚力。一个以系统恢复力理念为基础的框架支持更多的交流和互动，这比单纯建立各自适应机制和局部优化要好得多。

7.2　地球临界成员中的冰冻圈要素

工业革命以来，人类对地球系统造成的压力不断加剧，地球系统逐渐走出全新世有规律的冰期–间冰期旋回，进入了所谓的人类世。如果未来人类排放继续加剧，生态系统将不断退化，最终很可能致使地球系统越过行星边界而走向"热室地球"（图7.2）。行星边界常用气候变化、海洋酸化、臭氧层减少、氮磷循环、淡水消耗、土地利用、生态多样性减少、大气气溶胶负荷和化学污染物等指标进行描述。

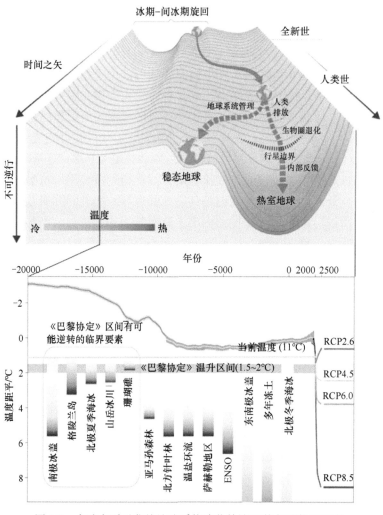

图 7.2　全球变暖引发的地球系统演化轨迹及其主要临界要素
资料来源据 Steffen 等（2018）和 Schellnhuber（2016）修改
ENSO 指厄尔尼诺–南方涛动

第 7 章　冰冻圈影响区社会生态恢复力 105

在地球系统中诸多子系统一旦达到某一阈值而发生稳态变化，就难以从当前状态回到以前，而且导致严重的负面后果，这类子系统被称为不可逆要素，又称临界要素。当前，因为气候变暖而显现的临界要素越来越清晰地被认识（图 7.2）。随着气候变暖，地球系统中有诸多要素一旦发生稳态变化，就难以恢复到原有状态，即临界要素（critical factors）。因为冰冻圈对气候变暖高度敏感，所以当前辨识的众多临界要素中，大多数与冰冻圈密切相关，包括北极海冰、格陵兰冰盖、南极冰盖、多年冻土和高山冰川等。冰冻圈临界要素与其他要素相比更容易达到临界点，甚至有可能在 1.5℃和 2.0℃温升目标内就发生逆转。冰冻圈临界发生逆转势必引起冰冻圈功能及其服务的衰退甚至丧失，潜在的冰冻圈状态转变将成为社会–生态系统和人类福祉的巨大威胁。

联合国政府间气候变化专门委员会（IPCC）于 2018 年发布了《全球 1.5℃增暖特别报告》（SR1.5）。该报告关注了温升 1.5℃和 2℃情景下 10 个临界要素的变化风险，包括北极海冰、苔原、多年冻土、亚洲季风、西非季风和萨赫勒地区、雨林、北方针叶林、热浪与人体健康、关键农作物系统和热带亚热带牧业系统，这些临界要素中有 6 个与冰冻圈相关（表 7.1）。

表 7.1　不同温升目标下的冰冻圈相关临界要素①

临界要素	温升小于 1.5℃	温升 1.5~2℃	温升达到 3℃
北极海冰	北极夏季海冰可能维持；适宜气候条件下海冰变化可恢复	北极夏季无冰概率为 50%或更高；适宜气候条件下海冰变化可恢复	北极夏季很可能无冰存在；适宜气候条件下海冰变化可恢复
苔原	0℃以下的生长日数减少；树盖不会突然增加	0℃以下的生长日数进一步减少；树盖不会突然增加	系统可能发生突变（低信度）
多年冻土	减少 17%~44%；碳释放后不可恢复	减少 28%~53%；碳释放后不可恢复	系统可能崩溃（低信度）
亚洲季风	预计发生变化（低信度）	预计发生变化（低信度）	季风降水强度可能增加
北方针叶林	南边界死亡率增加（中等信度）	南边界死亡率进一步增加（中等信度）	可能在 3~4℃的临界点显著枯萎（低信度）
玉米产量	全球减产约 10%	产量比 1.5℃减少大约 15%	一些区域大幅下降乃至丧失（低信度）

在临界要素中，北极海冰和多年冻土作为重要的冰冻圈要素，对变暖异常敏感，当全球温升超过 2℃时，北极夏季无冰概率和多年冻土解冻范围将大大增加。海冰退缩后在适宜的气候条件下尚可恢复，但多年冻土在全球温升达到 3℃时有可能彻底崩溃（collapse）不可恢复，而且由此产生的大量有机碳排放给全球气候系统将造成致命性灾难。苔原和北方针叶林生长的高纬度地区变暖幅度显著高于全球平均水平，加上多年冻土快速融化，当全球温升超过 2℃达到 3℃时，该生态系统将可能发生突变。亚洲季风也是冰冻圈相关的重要临界因素，其发生变化的一个重要因素是亚洲大陆积雪变化引起的反照率变化改变温度梯度，进而影响气压梯度和季风强度，预计全球温升超过

① 2018 年 10 月，IPCC 在韩国仁川公布了《全球 1.5℃增暖特别报告》（SR1.5）。该报告较系统地呈现了关于全球 1.5℃温升目标的基本科学认知，并探讨了可持续发展及消除贫困目标下加强全球响应的路径。表 7.1 内容源于 SR1.5，也参考了冰冻圈变化及其影响部分解读文献：苏勃，高学杰，效存德. 2019. IPCC《全球 1.5℃增暖特别报告》冰冻圈变化及其影响解读. 气候变化研究进展，15(4)：395-404.

2℃达到 3℃时季风降水强度可能增加。冰冻圈水资源供给功能衰退也对农作物系统产生影响，其是未来农作物系统（玉米等）发生稳态转换的重要因素，这一临界温度预计也在温升 2~3℃。

总体而言，随着温度不断升高，冰冻圈相关临界要素面临的危机将不断增强，但将全球温升控制在 1.5℃而不是 2℃或更高时的风险将大大降低。

7.3　冰冻圈功能及其服务衰退的影响

随着冰冻圈变化，冰冻圈功能也产生强弱盛衰演变，与人类圈交互作用则产生服务能力的增强、减弱甚至衰竭。在当今和未来气候变暖情景下，冰冻圈变化的总体趋势是融化导致的冰冻圈面积、冰量总体缩小。虽然短期内冰冻圈服务在特定区域有增强的方面，但从长期来看，主要趋势是减弱与衰竭，因而其是人类需要直面和应对的可持续发展的关键问题之一。本节对气候变暖背景下主要冰冻圈功能及其服务衰退对社会-生态系统造成的影响进行阐述。

7.3.1　水资源供给

随着气候变暖，冰冻圈消融加剧，使山区径流在一定时期内水量增加，可满足更多的用水需求，并为发展高山水电带来了机遇。但是，当产流能力越过其"拐点"时，冰川融水补给将持续下降，直至冰川消失，这时冰冻圈水资源供给服务也将不断减弱，最终完全丧失；其对依赖高山水电而不能获得其他能源的地区也将产生严重的负面影响。随着全球变暖，冰冻圈消融形成径流的时间普遍前移，消融期也相应增加，可以维持一定时期的径流调节能力；但当超过一定阈值时，径流调节作用也将大大减弱；冻土的退化也将对其覆盖区域径流分配产生严重的负面影响。

Huss 和 Hock 于 2018 年将全球冰雪水资源影响区划分为 56 个流域，分别研究了过去和未来至 2100 年冰雪融水的变化。结果发现，当前已有近一半的流域过了"拐点"，而尚未出现"拐点"的流域通常是大冰川覆盖区；对冰川储量和径流预估的结果表明，到 2100 年 56 个流域冰川总储量将在不同情景下分别减少 43%±14%（RCP2.6）、58%±13%（RCP4.5）和 74%±11%（RCP8.5）；相比低排放情景（RCP2.6），大多数流域冰川径流在中、高排放情景（RCP4.5 和 RCP8.5）下出现"拐点"较晚，这是因为在中高排放情景下更大幅的变暖能够产生更快的冰川融化速率，进而补偿缩小的冰川面积，从而延迟径流减少；在 RCP2.6、RCP4.5 和 RCP8.5 排放情景下，56 个流域冰川径流整体上在"拐点"处将分别增加 26%、28%和 36%。在中等的 RCP4.5 排放情景下，对于那些有大冰川分布或冰川覆盖率高的流域，如北美 Susitna、南美 Santa Cruz 和冰岛 Jökulsá，冰川径流将在 21 世纪末才出现"拐点"；以小冰川作用为主的流域，如加拿大西部、中欧和南美，预估"拐点"在下个十年才会出现；而在高亚洲大多数流域，如咸海、印度河、塔里木河、雅鲁藏布江和布拉马普特拉河流域，年冰川径流预计在 21 世纪中期出现"拐点"。总之，21 世纪冰川融水在亚洲腹地高山区、欧洲中部、南美洲和北美洲均将呈减小趋势，其中下降最大的是亚洲腹地和安第斯山地区。中国境内的同类研究表明，祁连山、天山和喜马拉雅山地区的融水径流将率先越过"拐点"，成为水资源供给功能的快速衰竭区。

在以积雪融水补给的地区，模式预估显示，无论何种气候情景，均出现雪期变短和融雪季提前，因而导致更持久的干旱。预估未来积雪融水短缺风险主要分布于美国内华达山脉、落基山脉等美国西部山区，欧洲的比利牛斯山、欧亚交界处的爱琴海地区、亚美尼亚高地、黎巴嫩及其争议地区、托罗斯山脉、扎格罗斯山脉，亚洲的帕米尔高原、兴都库什山脉、青藏高原、喜马拉雅山等地区以及非洲的阿特拉斯山。

在全球众多冰冻圈水资源补给区，亚洲和南美洲的安第斯山区拥有广泛的人口和经济体，冰冻圈水资源减少将对当地社会经济带来严重的负面影响。所以，必须直面冰冻圈水资源供给服务下降的未来，采取积极的应对措施。

7.3.2　气候调节

随着气候变暖，冰冻圈退缩将对当前全球或区域气候造成深刻的影响。地球两极的冰冻圈扮演着地球"空调"的重要作用。模拟表明，如果没有两极冰盖和海冰，地球的气候带将发生重大改变，对生态系统和人类社会都将造成灾难性的影响；全球冰川在维持海洋输送带健康运行方面起到重要作用，但是全球冰川融化，淡水增加，导致海洋上层水体不易下沉，已有海洋传输带开始减弱的迹象。如果输送带停止，北大西洋暖流将不能进入大西洋，整个欧洲将非常寒冷，甚至全球气候将发生巨变；北极、亚北极以及青藏高原冻土区因温度低不易分解而存储了大量的有机碳，但是全球气候变暖将使得多年冻土解冻、有机碳分解，从而产生大量的 CO_2、CH_4 等温室气体，很可能进一步加剧全球变暖；另外，环北极大型河流流入北冰洋后，将对海洋上层产生重要的调节作用（主要是形成稳定的层结构，抑制海水的上下交换），从而对中下层暖水消融海冰产生重要的抑制作用。如果没有北极淡水资源的调节作用，当今北冰洋表层海水变暖可能更加显著，北极快速增暖及其链式和外溢影响极可能更其。

冰冻圈气候调节作用衰减的一个显著例子是，北极雪冰的减小是导致北极气候变暖放大效应的重要原因之一，另一个显著例子则是北极海冰通过遥相关关系影响到中低纬度的天气气候，即导致中低维度极端天气气候频发且难以预报预测。Coumou 等（2015）的研究表明，极地变暖使得中纬度夏季环流减弱，致使持续极端高温的概率增加。Pistone 等（2014）的研究结果显示，1979～2011 年北极夏季海冰减小造成行星反照率降低，相当于增加了 $6.4 \times 10^9 \mathrm{W/m^2}$ 的辐射强迫，等同于这一时期温室气体强迫的 25%。冬季的情况则相反，北极海冰减小增加了中低纬度冬季极端冷事件的频发。对于东亚而言，喀拉海和巴伦支海海冰减少，西伯利亚高压增强，乌拉尔山阻塞事件增多，诱导北极冷空气南下至东亚地区。尤其在北极增暖条件下，东亚的强寒潮事件概率增大。北极冰冻圈变化不仅导致当地气候异常，其溢出效应已经使不同季节半球尺度气候出现"紊乱"。

同样地，南极周围的海冰随着冬夏的扩张与收缩，极大地调节着全球尤其是南半球气候。在青藏高原，冬季积雪异常影响青藏高原大气温度和陆海经向热量差异，进而影响夏季风的强弱，其气候调节功能也非常显著。

从长期来看，冰冻圈的减弱更在世纪尺度上加剧了全球增暖幅度，失去冰雪其实失去了地球气候的重要调节器，冰冻圈的气候调节服务能力下降是人类面临的重大风险之一。已有研究对北极冰冻圈变化的气候调节服务损失进行估算，结果表明，2010～2100 年，北极地区海冰和冰雪损失导致的反照率下降，以及每年的温室气体释放引起的额外变暖造成的经济损失将从 7.5 万亿美元增加到 91.3 万亿美元。

7.3.3　水土保持

冰冻圈尤其是冻土具有重要的水土保持（即地表调节）功能，然而随着全球变暖，冻土地带发生大范围热融滑塌，这使得地表破坏和水土流失的风险增大。

在北极地区，大多数社区和村庄都位于沿海或河流系统附近，以便于获取食物和出行。然而，随着北极地区气候变暖，冻土减少、海冰较晚冻结，随着北极岸冰减少和封冻季节区间变窄，海浪施虐的季节长度变宽，引起冻土不稳定性增加，海岸线侵蚀加重，从而导致海岸后退加剧，对沿岸社区基础设施造成严重破坏。例如，当前阿拉斯加北部海岸的大部分地区以每年 1m 以上的速度退缩，进而导致许多沿海社区受到风暴的袭击和洪水增加的威胁，需要向内陆迁移。据统计，北极海岸的侵蚀和洪水可造成每年数百万美元的财产损失。

高分辨卫星遥感能够监测到极地海岸侵蚀的快速变化，图 7.3（a）显示 1980～2009 年以来，夏季无冰日数从平均 63 天上升到 105 天，多年冻土海岸带崩塌的平均速率也从每年 8.7m 上升到每年 14.4m。Overeem 等在 2008 年用相机记录了阿拉斯加波弗特海岸的德鲁角的详细侵蚀过程[图 7.3（b）]，在观测年份的第 179 天（观测年份的 1 月 1 日为第 1 天），海岸附近仍存在海冰，第 191 天海岸带附近的海冰消失，此后的 24 天内，岸边侵蚀崩塌，摄像器材倒地。

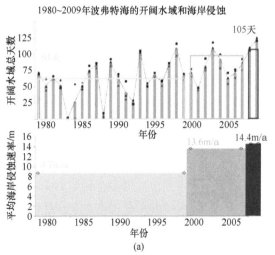

图 7.3　多年冻土海岸带崩塌（Overeem et al.，2011）

同样地，在青藏高原，随着区域性变暖，青藏高原多年冻土区热喀斯特地貌发育很普遍，且有扩大趋势。例如，在高含冰量多年冻土分布的自然山坡由于坡脚破坏，多年冻土或地下冰暴露融化，从而引起坡面土体坍塌并沿冰面下滑的现象，即热融滑塌（thaw slumping），如图 7.4（a）所示。再如，自然或人为因素引起的活动层增厚，导致地下冰或富冰多年冻土层发生局部融化，地表土层随之沉陷而形成热融洼地并积水，从而形成热喀斯特湖（Thermokarst Lake），如图 7.4（b）所示。

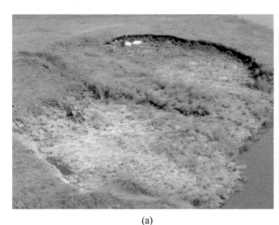

(a)　　　　　　　　　　　　　　　　　　(b)

图 7.4　热融滑塌（a）与热喀斯特湖（b）景观

7.3.4　社会文化

随着北极地区冰层融化加剧，海豹和北极熊等依赖于海冰捕食的动物数量锐减。这一变化对以海豹、驯鹿、北极熊及北冰洋鱼类为食的环北极原住民的生活造成极大影响。海面封冻时间变短，冰层变薄，使狩猎季节缩短，狩猎活动更加危险，从而极大地影响了猎人的猎捕，改变了原住民以狩猎为主的谋生方式。此外，北极变暖也改变着原住民的社交方式。多数原住民属于半游猎民族，他们乘坐雪橇往来于不同的定居点、走亲访友，而冰层的变薄与逐渐消失意味着乘坐狗拉雪橇拜访其他定居点的社会活动充满了安全风险，零星浮冰也对坐船旅行带来了危险。基于这些原因，原住民的定居点正在萎缩，传统交流方式的瓦解导致因纽特文化面临断代的威胁，年轻人已不再依赖传统模式养家糊口，他们陆续离开自己的社区，在新的城市开始全新的生活。

气候变暖使得原住民传统的经济活动也在悄然发生改变。就资源方面而言，气候变暖会导致北极野生动物在健康、习性、数量和分布上发生改变，从而对居民的狩猎活动造成影响。冰雪消融，环境变化过于急骤，在长期自然实践（狩猎等传统经济活动）过程中总结得来的因纽特传统知识可靠性面临挑战，传统文化传承遭受考验。气候变暖将加速原住民居住地和经济核心区的本土语言文化流失。对于北极地区小城镇乡村居民点而言，气候变暖将在很大程度上影响北极原住民饮食与狩猎习惯，部分原住民可能因此搬离世代居住的土地，当他们迁移到其他较大居民点时，迫于生存将会采取主动融入当地文化的策略，如学习当地语言和宗教，这样的过程势必减少土著语言使用频率以及价值，从而造成土著语言流失。这些独特的局地文化面临的遭遇也必然严重影响到世界文化的多样性。

7.3.5　功能及其服务衰退或丧失的级联效应

从功能损失、服务衰退到社会经济影响综合考虑，气候变暖条件下冰冻圈功能及其服务衰退或丧失将分别引起以下的级联效应（图 7.5）。

图 7.5　冰冻圈功能及其服务衰退或丧失的级联效应

（1）水资源供给功能及其服务：在极大依赖于冰冻圈融水的地区，下游绿洲区粮食安全受到威胁，更进一步地会导致水冲突和地区争端的加剧，这类冲突和争端在跨境河流国家间最易发生。

（2）气候调节功能及其服务：冰冻圈（如北冰洋海冰与北半球积雪）退缩导致极端天气气候异常或频发，危害气候适宜性，进而造成农业与生态系统受损，在极端热量和极端寒冷事件频发情况下，其又必然影响人体健康。

（3）水土保持功能及其服务：在多年冻土大面积融化情景下，热融滑塌和热喀斯特湖广泛发育，水土保持服务下降并进一步影响固碳作用。温室气体释放最终可能导致这些地区的碳源汇发生转化。如果释放速率和总量足够大，则会进一步冲淡人类减排的动力，转移视线，让《巴黎协定》自主减排的意愿发生动摇，从而给国际气候治理带来变数。

（4）文化功能及其服务：随着冰冻圈景观变化，冰冻圈给极区人们带来的生活安全保障、视角美学、旅游消遣以及灵感等服务潜力下降，与冰冻圈密切相关的宗教与传统文化发生改变，进而损害全球的文化多样性。

7.4　冰冻圈及其影响区恢复力路径

7.4.1　实施恢复力建设的通用框架

高恢复力系统普遍具有以下五大核心特征：①备份能力，该能力可以确保当系统的某一重要部分出现问题时，会有替代要素或备份给予保障；②灵活应变能力，即面对缓慢或突然的变化，系统能改变、改进或适应这种变化的能力；③阻止"故障"蔓延至整个系统的能力；④快速反弹能力，即一种能够快速恢复运作并避免系统长期中断的能力；⑤持续学习的能力，指拥有稳健的反馈环，能够察觉变化，并随着形势的变化提出新的解决方案。

考虑到恢复力的影响因素及其关键特征，各层面恢复力行动均应包括以下功能：①了解问题并确定目标；②确定选项及相关后果；③提出解决方案；④监督进展并在必要时调整计划。陈德亮等（2019）提出了一个实施恢复力建设的通用框架，该框架适用于各领域、各部门和各尺度应对环境变化的社会经济恢复力建设（图7.6）。

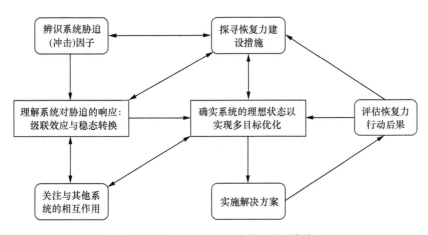

图 7.6　一个实施恢复力建设的通用框架

整个恢复力行动框架的实施过程是一个非线性的"闭环"。其中，加强系统对压力胁迫响应的认识是寻找并实施恢复力建设方案的前提。通过加强对系统自身过程的认识，辨识系统的外界压力和胁迫因子，并充分关注该系统与其他系统的相互作用，以深入理解系统对压力胁迫的响应，包括系统变化的级联响应和稳态转换。在此基础上，通过挖掘多维度、包容性的恢复力建设措施，并结合对系统变化过程的认识，分析不同恢复力措施可能产生的后果。然后，进一步在以上认识和准备的基础上，通过多目标优化，确定系统变化的理想状态和实施行动的最优方案。这也是理解系统对胁迫响应（包括恢复力措施实施后的可能后果）和实施解决方案的中间环节，是连接理论与实践的桥梁。实施恢复力方案是实施恢复力行动总体框架的落脚点，但是在实施方案中要随时监督进展，评估行动后果，并在必要时调整计划，寻找新的恢复力建设途径或措施。该框架的建立旨在为应对未来不同情景下的气候变化提供有效参考，从而实现社会–生态系统长期可持续发展。

7.4.2 冰冻圈及其影响区恢复力基本路径

在全球变化背景下,冰冻圈快速变化并对局地和区域乃至全球社会–生态系统产生广泛而深刻的负面影响,主要体现在对冰雪旅游业系统、寒区畜牧业系统、干旱区绿洲农业系统、冰冻圈灾害承灾区系统、寒区重大工程、海岸和海岛国家安全、极地栖息地系统等的综合影响。加强冰冻圈影响区社会–生态系统恢复力建设,可为应对这一挑战并实现区域可持续发展提供重要途径。

IPCC 第五次气候变化评估报告将"气候恢复力路径"定义为:"通过将适应和减缓相结合减轻气候变化及其影响的可持续发展轨迹。"这一定义不仅将恢复力与可持续性动态路径有效连接,而且强调了适应和减缓在气候恢复力建设中的作用。冰冻圈影响区恢复力建设也要将减缓和适应有机结合,共同应对冰冻圈变化以及其他外界压力对区域社会–生态系统的影响。

首先,由于冰冻圈的气候依赖性,减缓全球气候变暖是加强冰冻圈影响区的根本途径。如果把冰冻圈在全球变暖下的临界值以及冰冻圈服务的有效供给考虑在内,实际上我们需要比《巴黎协定》更强有力的温室气体减排行动。然而,最近的 IPCC 特别报告指出:"人类活动已造成全球温升约 1.0℃,如果按照目前每十年平均约 0.2℃的温升趋势,全球温升很可能在 2030 年到 2052 年间达到 1.5℃",这意味着未来几十年的减排任务将非常艰巨,而且情况并不乐观。因此,各国政府必须风雨同舟。

其次,加强区域适应也必不可少。在大多数受冰冻圈影响的地区,社会经济水平相对较低,而且更容易受到气候变化的负面影响。国际和国家层面应该筹措更多的资金加强冰冻圈影响区适应,包括发展当地经济和教育等。

最后,建立稳健的冰冻圈变化与其影响监测、评估、预警和决策系统也至关重要而且迫在眉睫。加强恢复力具体措施包括但不局限于:①基于定位观测、遥感和模拟等手段,定期开展冰冻圈变化评估,包括当前状态和预期的未来变化;②通过社会经济统计、实地调查和参与性访谈,详细了解冰冻圈影响区暴露度和脆弱性动态;③耦合冰冻圈变化和区域社会–生态系统动态,进一步评估并发现问题,从而提供更明确的信息,包括准确的早期预警;④通过不同利益相关者之间的参与对话,列出加强恢复力建设的潜在解决方案,进一步评估这些解决方案的后果,从而做出合理的决策;⑤持续监测和评估系统动态,包括解决方案的实施情况,并在存在更好的解决方案时调整初始计划。

7.5 北极地区恢复力评估与建设

全球有 400 万人生活在北极地区,北极环境变化对当地产生深刻影响。2016 年,在北极理事会的组织和资助下,瑞典斯德哥尔摩国际环境研究院和斯德哥尔摩恢复力研究中心共同主持完成了一份题为《北极恢复力评估》的报告。该报告使用恢复力和社会–生态系统等理念,对北极环境变化和恢复力及其影响因素进行了系统评估,其对帮助北极国家和地区更好地理解当地环境变化并加强应对具有重要意义。下面主要从北极社会–生态系统、北极系统变化的驱动因素及其影响、北极典型社区恢复力评估及加强北极恢复力建设四个方面系统阐述北极地区环境变化的事实，以及加强北极恢复力建设的路径。

7.5.1　北极社会–生态系统

受气候变化、移民、旅游业、资源开发和政治关系波动等因素驱动，北极生态和社会发生快速变化已成为新常态，这严重威胁着北极社区和生态系统的完整性和可持续性。多元的外界压力以及北极系统自身的复杂性，给北极变化监测和预报带来了严峻的挑战；而且，不同文化意识形态和利益集团之间的矛盾也大大增加了北极治理的难度。鉴于此，更好地理解北极变化需要一个整合人类和自然动态系统（即社会–生态系统）的理念。

社会–生态系统理念将人类和自然系统视为更大整体的一部分，并将人视为镶嵌在生态环境的一部分，认为人与自然系统紧密相连并不断演化，而且局地社会–生态系统也与区域乃至全球社会–生态动态相互作用。图 7.7 形象地描述了社会–生态系统中人与自然环境之间的反馈及其跨尺度的相互作用。一方面，自然生态系统（包括冰冻圈）通过提供服务（如供给、调节和文化等）可为人类带来各种惠益，从而影响人类福祉及活动；另一方面，人类活动不仅影响生态系统的结构和过程，而且也会影响生态系统功能，进而影响生态系统服务供给。不同空间尺度（局地、区域和全球）社会–生态系统之间也存在相互作用。就北极系统而言，其介于区域和全球社会–生态系统之间，由众多局地和区域子系统构成，也属于全球社会–生态系统的组成部分。

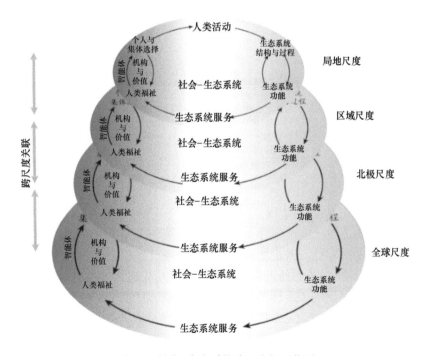

图 7.7　社会–生态系统跨尺度相互作用

使用社会–生态系统理念整合各方面知识，有助于全面辨识北极系统变化的驱动因素、不同过程之间的相互作用以及应对路径的不足，从而开发出更有效的方法来加强北极恢复力建设，这对实现北极可持续发展至关重要。

7.5.2　北极系统变化的驱动因素及其影响

　　北极自然环境正在发生剧烈变化，包括冰雪融化、海平面上升、沿海遭受侵蚀、多年冻土融化、植物和动物栖息地发生改变等。北极人们的生产生活方式也在发生变化，新生计、新技术以及新的北极治理形式逐渐出现，而且与外界的联系越来越多。这些变化可能驱使系统突破其临界点，进而导致系统结构和行为发生根本变化，即所谓的稳态转换。稳态转换给生态管理和治理带来了挑战，因为它们很难预测和逆转，并且大大损害了人们从自然中获得的利益。

　　就环境变化而言，稳态转换包括突发破坏性事件和长期变化两种类型。这两种强迫均可对北极自然和/或人类系统产生重要影响，并引起北极系统的稳态转换。用球杯模型可以形象地描述这两种变化强迫下系统发生稳态转换的过程（图7.8）：图7.8（a）反映了极端冲击使得系统从一个稳态进行另一个稳态；图7.8（b）则反映了长期变化过程通过不断改变系统的变化动态，从而使其旧稳态消失、新稳态出现。在现实中，系统的稳态转换通常是渐变和突变综合胁迫的结果。

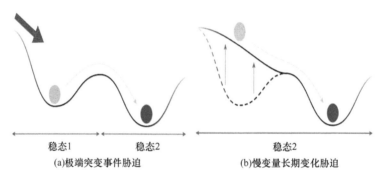

稳态1　　　　稳态2　　　　　　　　稳态2
(a)极端突变事件胁迫　　　　　　(b)慢变量长期变化胁迫

图 7.8　基于球杯模型的系统稳态转换

淡蓝色代表系统受胁迫前状态；深蓝色代表系统当前状态；各杯谷代表系统不同稳态

　　表7.2列举了发生在北极的18个系统稳态转换，包括驱动因素、转换影响和应对策略等。这些稳态转换正在严重影响着当地的生态系统/冰冻圈服务和人类福祉、气候和景观的稳定性、动植物的存亡、人们的交通通行以及文化；同时，也通过海洋和大气运动等对世界其他地区社会–生态系统产生影响。北极系统稳态转换也引发很多挑战：首先，稳态转换可能带来难以预测或逆转的影响；其次，稳态转换具有复杂性，需要综合的、整体的而不是分散的适应行动；最后，由于驱动北极稳态转换的重要过程都是北极之外系统产生的，因此北极人民自身很难改变这些过程。鉴于此，亟须大力减缓驱动力、系统评估稳态转换风险，并为稳态转换做好准备。

表 7.2　北极稳态转换：驱动因素、转换影响和应对策略

稳态转换	类型	尺度	驱动因素	转换影响	应对策略
北极海冰消失	地球系统	区域亚洲际	温度升高	影响人与动物出行和食物获取，影响海洋初级生产力；开阔海域增加，促进旅游和资源开发	减缓温室气体排放和气候变暖
格陵兰冰盖崩塌	地球系统	区域亚洲际	温度升高	加剧全球海平面上升；影响全球天气气候；生态系统发生演替；等等	减缓温室气体排放和气候变暖
热盐环流衰弱或停滞	地球系统	区域亚洲际	淡水注入降低盐度	改变海洋热输送，进而影响全球气候；导致热带雨带南移，区域海平面发生变化；等等	加大减排，减少冰融化
氧气贫化	海洋系统	景观-区域亚洲际	过量污水注入	重塑生态系统，导致渔业减产；影响野生动物和人类健康，增加疾病风险，减少娱乐和旅游机会	减少营养物质注入；减缓气候变暖
种群改变，营养水平降低	海洋系统	景观-区域亚洲际	过度渔业捕捞；上升流增加	影响渔业贸易；增加生态系统对富营养化、缺氧和物种入侵的脆弱性	调节捕捞，调控养分使用并注入海洋
渔业衰落	海洋系统	景观-区域亚洲际	气候变化影响上升流；过度捕捞；等等	降低食物可获得性；减少就业，影响社会经济生活；等等	有效地渔业管理；建立海洋保护区
海洋初级生产力改变	海洋系统	区域亚洲际	大气和海洋变暖	从极地到温带海洋初级生产力演替，依赖冰的物种减少；喜温物种增加，商业捕鱼量增加	减缓气候变暖
三文鱼数量减少甚至灭绝	海洋系统	景观-区域亚洲际	气候变暖；栖息地破坏；过度捕捞	当地居民食物减少；从海洋输入海岸带系统的营养减少	减缓气候变暖；减少过度捕捞；保护三文鱼繁殖的栖息地
北极海底生物演替	海洋系统	景观	海面温度升高；光穿透度增加	海底生物从藻类和滤食动物变成大型藻类，从而影响以海底生物为食的动物，也对捕鱼业和旅游造成潜在影响	减缓气候变暖
北极海藻林演替	海岸带系统	景观	营养输入；海胆捕食者数量下降	海藻林消失，并被海床上的海胆和藻类取代；影响鱼类栖息地和渔业，降低生态系统调节和文化服务；等等	恢复或维持顶级捕食者；在沿海地区安装废水处理厂
沿海海洋富营养化	海岸带系统	景观-区域亚洲际	营养物（氮和磷）从陆地注入海洋	导致藻华泛滥，海洋哺乳动物及人体健康；损害鱼类，损害旅游业；影响食物网结构及其栖息地；等等	加强监管监测，减少城市地区养分输出，减缓气候变化

续表

稳态转换	类型	尺度	驱动因素	转换影响	应对策略
热融湖演替为陆地生态系统	陆地/水域系统	景观	多年冻土融化	增加温室气体释放，进一步加剧全球变暖	减缓气候变化
河道演替	陆地/水域系统	景观-区域-亚洲际	冻土退化等导致河流流量变化，进而引发泥沙堵塞河流或冲刷河道；其他相关人类活动	通过取水、交通、渔业等影响北极社区及人类福祉	避免泥沙过量累积；减缓气候变暖；避免冻土退化
盐沼变滩涂	陆地/水域系统	景观	海平面上升和海岸泥沙输送	导致污染过滤、阻止风暴、渔业等生态系统服务的衰退乃至丧失	保护盐沼湿地；增加泥沙输入；减缓海平面上升
北极居民流动	陆地/水域系统	区域-亚洲际	海冰退缩影响捕猎等；外来食物等进入	传统知识和文化受损	减缓气候变化；增加人类适应
苔原演替为针叶林	陆地/水域系统	景观-区域-亚洲际	气候变暖；冻土退化	生态系统、植被、觅食哺乳动物和鸟类发生演替或数量变化；增加木材生产等生态系统服务；牧民和猎人生计发生变化	减缓气候变化；限制灌丛扩张速度
苔原演替为草原	陆地系统	景观-区域-亚洲际	大型食草动物通过改变植被和土壤结构与过程（如踩踏等）影响生态系统	降低土壤水分，减少湖泊和湿地数量；冻土消融影响基础设施稳定性并增加温室气体排放风险；生态系统服务发生变化	减缓气候变化；加强生态系统放牧管理
针叶林演替为落叶林	陆地/水域系统	景观-国家	气候变暖；火灾	改变生态系统服务；增加反照率；减缓气候变暖；改变热量和水分输送，影响区域气候	减缓气候变化；灭火；加强预防和适应

7.5.3　北极典型社区恢复力评估

为应对剧烈的北极环境变化，加强北极恢复力（包括转型能力）建设至关重要。这需要我们系统理解促进或削弱系统恢复力的各种过程，包括自然生态过程和社会经济过程。基于恢复力框架，可从管控变化和不确定性、培育系统重组的多样性、挖掘不同类型知识的学习能力、为系统自组织创造机会四个维度再分别遴选二级和三级指标，并运用定量比较分析方法开展社区恢复力评估，评估结果可分为具有恢复力、恢复力丧失以及系统转型三类。

恢复力涉及社会–生态系统面临外界环境变化压力时仍然能够维持其特性、结构和功能，这种系统一般具有自组织、适应和学习的能力。例如，西西伯利亚的一个名叫 Yamal-Nenets 的驯鹿放牧社区，尽管遭受着气候变化、俄罗斯政治制度的变化以及工业发展的压力，但其仍然保留了其生计方式和传统。

恢复力丧失是指那些社区不能维持原有生计，即不能维持社会–生态系统结构和功能。例如，俄罗斯的 Teriberka 社区，其产业在苏维埃时代从驯鹿放牧和捕鱼转变为工业化捕鱼，然而一系列重大变化导致当地原有产业崩溃，传统知识丢失，结果造成当地居民大量失业并外迁。

系统转型是指人们有目的地修改系统的特性、结构和功能，以更好地满足发展需求。一个典型案例是冰岛的 Húsavík 是一个以捕鱼和捕鲸为业的社区，然而环境变化导致传统生计衰落，于是该社区成功转型，开始发展旅游业（如观赏鲸等）。

总体而言，自组织能力是影响社会–生态系统恢复力的一个关键因素，加上培育多样性和学习能力，这三个因素对北极系统恢复力和转型能力至关重要；另外，国际组织、各级政府以及其他利益相关者在北极恢复力建设中也扮演着重要角色。

7.5.4　加强北极恢复力建设

北极恢复力建设的一个重要方面是加强适应和转型能力，而适应和转型能力建设则需要关注以下七类资本：自然资本、社会资本、人力资本、基础设施资本、金融资本、知识资本和文化资本，它们相互作用，共同构成了一个社区或一个区域恢复力的物质基础（图 7.9）。

自然资本指各种自然资源，包括矿物、土壤、空气、水等，能够提供服务并为社区生计和福祉提供保障。维持生态系统多样性以及灵活的自然资源管理对加强适应能力和恢复力至关重要。

社会资本指人们共同应对和解决问题的能力，它体现在社交协作过程中的方方面面，反映了社会期望、义务和规范下的人体与集体之间的关系。高水平的社会资本通过资源信息共享可以提高社区或社会集体应对挑战的能力。另外，社会资本不能只关注局地社会网络，国际合作对加强社会资本非常重要，尤其在北极地区。最近几十年，新的交通设施和通信技术的发展在连接北极地区与世界其他地区社会关系方面扮演着重要角色。

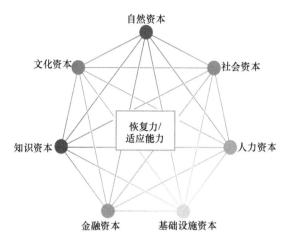

图 7.9　影响恢复力/适应能力的资本及其相互作用

人力资本指人力资源及个人素质，包括技能、知识、教育和职业技能、领导力和创造力。教育在人力资本方面发挥着核心作用，它能够系统传播知识并培育技能，以满足社会需求或应对环境变化。

基础设施资本指维护社会良好运行所需的基本设施和服务，如公路、铁路、机场、网络以及为人们提供能源、水、食物和住所所需的基本设施。整体来看，北极基础设施相对落后，而且一些基础设施易受气候变化，如多年冻土解冻和海岸侵蚀的影响。北极不断开发，基础设施不断完善，给工业和旅游业等社会经济发展带来了机遇，但也导致北极陆面景观破碎化，威胁生物多样性。

金融资本在恢复力建设方面发挥着关键性作用，地方和个人层面缺乏资金是适应的主要障碍。但是，区域经济增长并不完全意味着恢复力也会增强，在恢复力建设中还需要解决好资金分配等方面的问题。在北极，自然资源的开采产生了大量的金融资本，但是由于大量资本流入外地的开发者，因此并没有提高当地居民的收入。

知识资本是进行适应决策和管控社会–生态系统的重要前提。知识在增强适应和变革能力方面起着两个主要作用：一个是支持对正在发生变化的系统的理解，包括预测系统发生什么变化以及何时变化？哪些社会–生态特征增加人和生态系统对干扰的脆弱性？等等；另一个是不断增强对系统变化的理解，如监测系统变化的驱动因素及其对恢复力的影响。北极自然资源的科学管理需要考虑多方面知识，而不是单纯依靠政治决策。

文化资本指积累的文化知识，包括土著居民的传统知识等共同的信仰和实践。在北极地区，文化资本与社会网络（社会资本）、环境（自然资本），以及通过正规和非正规教育及语言传播的知识（知识资本）密切相关。整个北极地区丰富的文化多样性是维持人类福祉及在不确定的未来增强抵御能力和生存能力的重要资源。

北极理事会在加强北极资本建设方面扮演着重要角色。北极地区恢复力建设路径可包括：①监测社区尺度社会–生态系统状态和变化，管控系统稳态转换；②模拟社会–生态系统动态，评估社会–生态系统恢复力；③开展参与式情景分析和决策等，进而从理论走向实践。

7.6 高山地区恢复力建设路径：以青藏高原及其毗邻地区为例

山地占全球陆地面积的 22%，世界 13% 的人口（9.15 亿人）生活于此。山地支撑了世界 25% 的陆地生物多样性，提供了不可或缺的产品和服务，如水资源、高山水电、木材、矿产资源和消遣旅游资源等。在湿润地区，山地提供了 30%~60% 的淡水，在半干旱和干旱地区可达 70%~95%。由于地形封闭，山地还形成了多样的种族和语言。但同时，山地地区也因贫穷和落后成为全球自然和人为灾害的高风险区。

兴都库什–喜马拉雅–青藏高原高山地区（Hindu Kush-Himalaya-Tibetan Plateau high mountain region，简称青藏高原及其毗邻地区）约 420 万 km^2，其横亘亚洲大陆中部，是地球中低纬度冰冻圈最为发育的地区，所以也称"第三极"。青藏高原及其毗邻地区分布着 8 个国家共 2400 万人口，同时也是 10 条大江大河的发源地，为下游约 19 亿人提供了稳定水源。这一区域分布了 4 个全球生物多样性热点区，也是文化、语言、宗教和传统知识与文化多样性最为发育的地区。然而，受气候变化、全球化、区域冲突、基础设施建设、旅游和城镇化等因素驱动，该地区正经历着快速变化，并对区域和全球产生深远影响。

国际山地综合发展中心（International Centre for Integrated Mountain Development，ICIMOD）长期致力于青藏高原及其毗邻地区社会–生态系统监测和评估。2019 年，ICIMOD 组织出版了题为《兴都库什–喜马拉雅评估：山脉、气候变化、可持续性和人民》的报告。该报告系统评估了青藏高原及其毗邻地区环境变化的驱动因素及其影响，探讨了如何减轻青藏高原及其毗邻地区灾害风险并加强恢复力建设，旨在减少各种山区科学问题的不确定性，保护山区现有的生态系统、文化和知识，并为该地区可持续发展提供实用的解决方案。基于此，这里以社会–生态系统和恢复力为视角，在阐明青藏高原及其毗邻地区灾害系统的基础上，介绍如何加强高山冰冻圈及其影响区灾害恢复力建设。

7.6.1 青藏高原及其毗邻地区灾害系统

灾害系统是由孕灾环境、承灾体、致灾事件与灾情共同组成的具有复杂特性的地球表层变异系统[图 7.10（a）]，致灾事件、承灾体的暴露度和脆弱性共同决定了灾害风险[图 7.10（b）]。

1. 致灾事件

由于独特的地质环境、陡峭的地形、强烈的季节性降水、频繁的地震活动以及冰冻圈功能和服务的衰退，青藏高原及其毗邻地区极易受洪水（特别是山洪暴发）、冰崩、滑坡、干旱和地震等灾害影响。据统计，1980~2015 年，发生在青藏高原及其毗邻地区的极端灾害事件占全球的 21% 和亚洲的 36%，各国具体分布如图 7.11 所示。特别需要指出的是，洪水、雪崩、滑坡和水资源短缺均与冰冻圈变化密切相关。

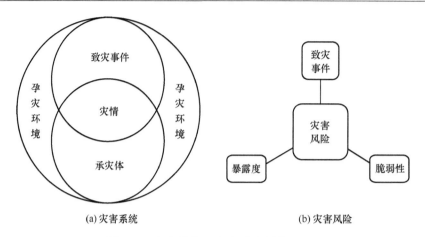

(a) 灾害系统　　　　　　　　　　(b) 灾害风险

图 7.10　灾害系统（a）与灾害风险（b）

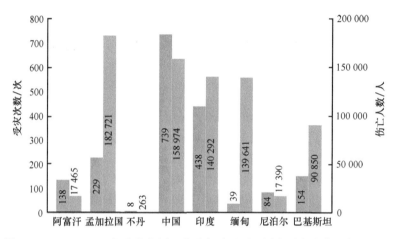

图 7.11　1980～2015 年青藏高原及其毗邻地区不同国家受灾次数及伤亡人数

　　洪水是青藏高原及其毗邻地区最常见的灾害，占所有灾害死亡人数的 17%和所有灾害损失的 51%。洪水包括河流洪水和山洪。与河流洪水不同，山洪一般由强降雨事件或冰川溃决引发。随着气候变化加剧，季风降水和冰冻圈融水变化日益不稳定且难预测，从而导致该地区洪水灾害频发。从图 7.12 可以看出，1826～2000 年印度河上游冰湖溃决洪水（GLOF）事件发生次数呈快速增多趋势。

　　雪崩是山区最严重的灾害之一。每年在阿富汗、不丹、印度、尼泊尔和巴基斯坦积雪覆盖较多的地区都会造成生命和财产损失。例如，2015 年尼泊尔地震引发了数次雪崩，造成 20 多人死亡。统计表明，2000～2015 年阿富汗共有 200 万人暴露于雪崩，其中 15.3 万人受到影响；其中，2015 年 2 月 Panjshir 省的大雪引发了 40 次雪崩，至少造成 124 人丧生；2017 年 2 月巴基斯坦边境附近的雪崩则至少造成 137 人死亡。

　　青藏高原及其毗邻地区社会经济发展和生态安全严重依赖于冰冻圈融水，尤其是其西部和西北部（即中国青藏高原、阿富汗、巴基斯坦北部、印度西北部和尼泊尔西北部）处在干旱多发地区，随着冰冻圈退缩和降水变化的不确定性，未来将面临严重的水资源短缺危机。

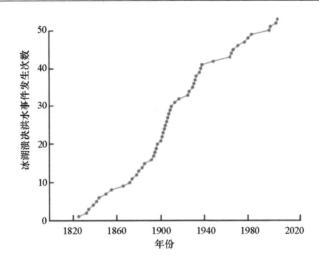

图 7.12　1826～2000 年印度河上游冰湖溃决洪水（GLOF）事件发生次数快速增多
（International Centre for Integrated Mountain Development，2019）

2. 承灾体的暴露度和脆弱性

暴露度指承灾体受到致灾因子不利影响的范围或数量，青藏高原及其毗邻地区各个国家土地和人口的暴露度见表 7.3。脆弱性是承灾体的内在属性，其大小取决于承灾体对致灾事件不利影响的敏感程度及其自身的应对能力。下面从物理维、社会维、经济维和环境维等维度探讨青藏高原及其毗邻地区的脆弱性。

表 7.3　青藏高原及其毗邻地区各个国家灾害暴露度：土地面积和人口占比

国家	土地面积占比/%	人口百分比/%	致灾事件种类
阿富汗	11.1	29.5	3
孟加拉国	35.6	32.9	4
不丹	20.1	29.2	4
中国	8.4	15.7	3
印度	10.5	10.9	4
缅甸	10.7	10.4	4
尼泊尔	60.5	51.6	3
巴基斯坦	5.6	18.2	2

注：灾害类型包括飓风、干旱、地震、洪水和滑坡。
资料来源：ADB and World Bank，2005。

物理脆弱性指由承载体的物理特征（如人口密度、空间距离、关键设施的可达性、到危险区域的距离以及基础设施的质量等）所引起的脆弱性。脆弱性较低的社区一般暴露度较低、基础设施质量较高并能很好地获得应急响应服务。统计分析表明，孟加拉国、印度、尼泊尔和巴基斯坦基础设施（包括道路、电力服务和航空运输）的总体质量低于全球平均水平，不丹和中国基础设施的总体质量相对较高。

社会脆弱性反映社会互动、制度和文化价值体系决定的群体和个人应对灾害的能力。社会脆弱性一般由社会和经济不平等、边缘化、社会排斥、缺乏准备和适应能力以及性别、社会地位、残疾和年龄歧视等要素引起。根据联合国人类发展指数，青藏高原及其毗邻地区（除中国外）普遍低于全球平均水平，这也表明这些地区的社会脆弱性高于全球平均水平。而且除中国和孟加拉国外，教育、性别和收入不平等的问题在青藏高原及其毗邻地区普遍存在。

　　经济是影响脆弱性的基本要素，经济更强大的社区一般可以优先获得良好的基础设施。经济脆弱性对于建设恢复力并减少灾害风险尤为重要。在青藏高原及其毗邻地区，根据联合国评估，8 个国家中有 5 个（阿富汗、孟加拉国、不丹、缅甸和尼泊尔）属于最不发达国家，这严重影响着该地区灾害恢复力建设。

　　孕灾环境也是影响具体灾害损失的重要方面，如不良的管理环境会造成众多不安全情况，从而增加致灾事件的脆弱性。青藏高原及其毗邻地区作为气候变化热点区和人口密集区，当地环境是导致自然资源枯竭和退化的重要因素，也大大增加脆弱性。

3. 青藏高原及其毗邻地区灾害风险评估

　　根据 Garschagen 等（2016）完成的《世界风险报告》（*World Risk Report*），综合考虑暴露度、敏感性、应对能力等因素，青藏高原及其毗邻地区（除孟加拉国外）整体处在全球自然灾害高风险区（表 7.4），所以应当对其足够重视。

表 7.4　青藏高原及其毗邻地区各国风险指数

国家	世界风险指数/%	暴露度/%	脆弱性/%	敏感性/%	应对能力不足/%	适应能力不足/%	世界排名
阿富汗	9.5	13.2	72.1	56.1	92.9	67.5	41
孟加拉国	19.2	31.7	60.5	38.2	86.4	56.9	5
不丹	7.5	14.8	50.7	29.4	73.8	48.9	60
中国	6.4	14.4	44.3	22.8	69.9	40.2	85
印度	6.6	11.9	55.6	35.8	80.2	50.8	77
缅甸	8.9	14.9	59.9	35.6	87.0	56.9	42
尼泊尔	5.1	9.2	55.9	38.1	81.1	48.6	108
巴基斯坦	6.7	11.4	61.2	35.0	86.3	62.5	72

7.6.2　高山地区灾害恢复力建设

　　为应对青藏高原及其毗邻地区灾害风险，该地区恢复力建设路径可从信息（information）、基础设施（infrastructure）、机构（institution）和保险（insurance）四个方面展开，即四个"I"。

　　信息方面指上游和下游社区之间要共享灾害信息，对于一些级联式灾害要做好及时沟通。青藏高原及其毗邻地区处在全球自然灾害高风险区，所以在该地区建立强大的灾害数据和知识库对理解灾害系统、加强预警、促进投资进而提高灾害恢复力至关重要。加强基础设施（如道路、医院、学校、水电和通信工具等）投资主要在于增强连通性，从而加强灾害适应。机构方面包括提高技术、金融及行政管理能力，建立将国家机构、政策和行动与地方机构联系起来的机制。保险方面包括完善保险制度或转移风险，加强对灾害风险的抵御能力。

但当我们考虑计划采取各种措施进行恢复力建设时，也应依次回答以下 3 个问题：①我们要增强谁的恢复力？个人，社区，城市，还是更大的单位？②如何从信息、基础设施、机构和保险 4 个方面入手增加恢复力？③如何激励个人、社区或城市政府采取行动？例如，对于春旱，可从以下 5 个途径增加恢复力：①准确识别水资源影响区域；②完善春季蓄水和补给区的水文地质图；③建设人工设施（如沟渠）；④鼓励农民在田间进行雨水收集；⑤建立与用水相关的地方规范。再如，对于山洪灾害，恢复力行动可包括：①开展灾害制图以加强预警；②完善现代水电站和通信技术等基础设施建设；③加强国家和地区之间的有效互动等。

总之，青藏高原及其毗邻地区恢复力建设需要：①不断完善数据信息和知识库，建立稳健的灾害预警系统；②加强关键基础设施建设，增强灾害抵御能力；③完善地方和国家层面的机构和体制，构建连接个人和集体行动的互动和激励机制；④完善市场保险制度，转移灾害风险。

思 考 题

1. 简述恢复力的概念和内涵及其历史演变。
2. 举例论述如何加强冰冻圈影响区恢复力建设。

第8章

冰冻圈地缘政治

进入 21 世纪，随着全球气候变暖和冰冻圈加速融化，大国之间的战略竞争开始向冰冻圈延伸，使冰冻圈成为全球地缘政治的新热点。其基本机制在于：冰冻圈有着丰富的自然资源，其中多是无明确主权归属的人类共有财产，容易导致"公地悲剧"的出现；冰冻圈主要分布于地球"三极"地区，独特的区位使其成为大国争相介入和力图控制的场所；冰冻圈自然变化将打破全球生态平衡，通过人–地系统耦合影响国家间利益分配。本章介绍了地缘政治理论及其代表人物，分析了冰冻圈独特的地缘战略价值，重点阐释了冰冻圈资源、极地航道、国际河流、边界演变等地缘因子及其作用过程，最后提出了我国关于冰冻圈的地缘战略思路。

8.1　地缘政治学与冰冻圈地缘政治

冰冻圈地缘政治学是冰冻圈科学和地缘政治学的交叉学科，其主要基于冰冻圈特殊的地理条件来探讨世界主要大国及相关国家围绕相关利益展开的竞争与合作关系。

8.1.1　地缘政治学的起源与发展

地缘政治学（geopolitics）是将国家作为一个地理空间现象和国际政治单元加以分析的学说。它把地理因素视为影响甚至决定国家政治行为的一个基本因素，通过揭示国际政治权力与地理环境的关系，分析和预测有关国家的外交政策和战略行为，以及国际战略格局的地理空间结构。

朴素的地缘政治学思想可追溯到古希腊时代。著名历史学家修昔底德（Thucydides，公元前 460～前 400/396 年）在其所著的《伯罗奔尼撒战争史》中指出，斯巴达和雅典之间的战争是不可避免的，是雅典的崛起引起斯巴达巨大的恐惧所导致的。这一论断揭示了一个重要的地缘政治现象，即当一个崛起的大国与既有的统治霸主竞争时，双方面临的危险多数以战争告终。美国哈佛大学教授格雷厄姆·艾利森（Graham Tillett Allison, Jr., 1940—）将这一现象称为"修昔底德陷阱"（Thucydides's trap）。春秋战国时期，中国在军事上对地理位置、地形的关注，以及纵横捭阖、远交近攻的战略思路是中国古典地缘政治思想的重要代表。

近现代地缘政治学源于德国地理学家弗里德里希·拉采尔（Friedrich Ratzel，1844—1904）。1897 年拉采尔出版《政治地理学》，提出国家有机体学说，认为国家这个"空间有机体"像生长在陆地上的树木一样牢牢扎根于土壤，因此一个国家的特征将会受其领土的性质及其区外的影响，衡量一个国家的成就，要看它是否适应这些环境条件。之后拉采尔又把社会达尔文主义引入地理学，并于 1901 年发表《生存空间：生物地理学的研究》一文，提出"生存空间"（lebensraum）这一概念，该文被认为是地缘政治学的发端。拉采尔认为，对于健全的"空间有机体"来说，通过领土的扩张而增加它的力量是自然而合理的。他甚至还认为，获得生存空间的整个过程，不仅会使国家更加强盛，而且还会使其人民更加坚强、更富于进取，这样才能适应这个不断扩大的领土。1917 年，瑞典政治学家鲁道夫·契论（Rudolf Kjellén，1846—1922）在《国家有机体》一书中对拉采尔的思想进行了阐发，首次提出"地缘政治学"（geopolitik）这一术语，并把地缘政治学定义为"把国家作为地理的有机体或一个空间现象来认识的科学"。他不仅赞同国家有机体理论，还形象地把国家组织与人体器官相比较，认为决策的中心城市为大脑，交通为动脉，武装为防御，自然资源为供养生长所需的粮食。毫无疑问，拉采尔和契论的"国家有机体"和"生存空间"理论同社会达尔文主义一样具有极大的局限性和错误性，它给不断延续的德国地缘政治学提供了重要的思想源泉，并最终发展成为纯粹的领土扩张理论。

几乎与拉采尔同时，美国战略家马汉（Alfred Thayer Mahan，1840—1914），分别于 1889 年、1892 年和 1905 年出版《海权对历史的影响，1660—1783》《海权对法国大革命和帝国的影响，1793—1812》和《海权的影响与 1812 年战争的关系》。这三部著作被称为"海权三部曲"，马汉也因此成为"海权论"的代表人物。马汉指出，谁能有效地控制海洋，谁就会成为世界强国，要称霸海洋，关键在于对世界重要战略海道与海峡的控制，而要达到这一目的，必须要有一支强大的海上力量。他还认为，影响国家海上实力的海权要素包括：地理位置、形态构成（即陆地的海岸性质和地貌结构的合理性）、领土范围、人口数量、民众特性、政府特性。

也是在这个时期，英国地理学家麦金德（Halford John Mackinder，1861—1947）于 1904 年在英国皇家地理学会上宣读题为《历史的地理枢纽》的论文，并提出了著名的"心脏地带论"。麦金德通过对人类数千年历史与各种战争的分析，认为东欧、中亚和俄罗斯的部分地区组成了历史、经济和战争史上最重要的心脏地带，特别是当时铁路的出现，其坚信陆地力量将给过去的海洋霸权带来冲击和挑战。从这种地理战略眼光出发，麦金德提出了三句影响深远的名言：谁统治了东欧平原，谁就控制了全球的心脏地带；谁统治了心脏地带，谁就控制了世界岛；谁统治了世界岛，谁就能支配世界。这一思想在 1919 年出版的《民主的理想与现实》中得到了进一步发展。麦金德虽然没有使用"地缘政治"一词，但他的理论却成为现代地缘政治学的开山之作，对 20 世纪的世界政治影响深远。

继拉采尔、马汉和麦金德之后，地缘政治学说得到广泛传播和迅速发展，并在 20 世纪 20～40 年代早期达到鼎盛，西方许多地理学家和政治学家都投身到地缘政治问题的研究中，其中影响最大的是德国的卡尔·豪斯霍弗（Karl Haushofer，1869—1946）和美国的尼古拉斯·斯皮克曼（Nicholas John Spykman，1893—1943）。豪斯霍弗几乎全部继承了迈金德的理论，但却把地缘政治学带入了歧途。豪斯霍弗认为，德国缺乏必需的生存空间和足够的自然资源，主张重新分配世界领土，而战争是解决生存空间的唯一方法。此外，他还把世界划分为几个泛区域，其中整个欧洲、非洲和亚洲西部广大地区属于德国势力范围的泛欧区，德国是该泛区域的核心。由于他把地缘政治学与希特勒的第三帝国联系在一起，因此地缘政治学成为服务纳粹德国侵略扩张的理论。同麦金德不同，斯皮克曼认为，欧亚大陆的"边缘地带"而非"心脏地带"才是通向世界未来的历史锁钥，他还对麦金德的三句名言进行了修正，提出"谁控制了边缘地带，谁就统治了欧亚大陆；谁统治了欧亚大陆，谁就掌控了整个世界的命运"，他的理论因此被称为"边缘地带论"。

到第二次世界大战结束前，地缘政治学已经发展成为一门相对独立的学科，在理论上已经积淀了丰富而又厚重的遗产。第二次世界大战后，德国地缘政治学因一度成为纳粹的理论工具而遭到唾弃并归于沉寂，但美国等国家地理学界对这一领域的研究依然没有终止。20世纪70~80年代以后，伴随着世界政治经济格局的变迁以及世界贫困、自然资源、生态平衡等问题的出现，西方地缘政治学得以复兴，出现所谓的"新地缘政治学"，并被带回到国际论坛的核心，地缘政治学说被广泛引进国家外交政策的报告中。除地理学外，政治学、经济学等社会学科领域的研究成果大量涌现，其中最有影响的包括兹比格涅夫·布热津斯基（Zbigniew K. Brzezinski，1928—2017）的"大棋局论"、萨缪尔·亨廷顿（Samuel P. Huntington，1927—2008）的"文明冲突论"等。这一时期，地理学家仍然是西方地缘政治研究的一支重要力量，其中代表性的人物有美国地理学家索尔·科恩（Saul B. Cohen）。他先后出版了《分裂世界的地理与政治》《世界体系的地缘政治学》和《地缘政治学：国际关系的地理学》，他以地缘战略区域（geostrategic region）和地缘政治区域（geopolitical region）两个标准对世界进行划分，提出"多极世界"地缘政治模式，该模式是目前西方最有影响的地缘政治学说之一。正如科恩所说，地缘政治学是国际关系的地理学。

地缘政治学从空间的或地理中心论的观点对国家所处局势的战略背景进行研究，对世界整体的认识是地缘政治学的最终目标和辩白。地缘政治学的方法论本质上是空间性的，但它所研究的主体却大量取自于其他社会科学。因此，地缘政治学既建立在地理学广阔深厚的学术土壤上，又扎根于政治学的思想积淀中，具有显著的学科交叉性。这种交叉性是由地缘政治的内在本质和外在表现形式所共同形成的，它决定了地理学在地缘政治研究中的基本功能和地位。从空间角度看，国家间的政治经济互动过程可看作一种空间过程，而对其中空间规律的认识和把握恰恰是地理学的范畴。换言之，地理学可以从空间角度去思考和认识国家间政治、经济和军事关系。而在本质层面上，地缘政治是地理因素通过成本–收益函数对国家"经济人"的战略决策等行为所施加的影响以及这种影响的发生机制和过程，它反映了恒久的地理因素对国家行为的驱动和决定。

8.1.2　冰冻圈地缘政治的缘起

狭义的冰冻圈地缘政治指主要大国围绕冰冻圈资源和战略地位展开的博弈；广义的冰冻圈地缘政治包括由冰冻圈及其要素在形成、发育和演化过程中所引起的国际利益关系调整以及由此引发的国家间政治行为，如竞争与合作、冲突与博弈等。冰冻圈的特殊区位赋予该区域地缘政治的复杂性。地球中高纬地区的陆地和海洋（含北极、南极地区）及其他高海拔地区，包括陆上丝绸之路的高山地带等，都是主要的冰冻圈发育区，又称冰冻圈地区。冰冻圈地区气温低、严寒和荒芜，自然条件恶劣，人口稀少，经济单调、滞后，其中存在一部分无国家政府占领和管辖或有争议的土地，是许多国家觊觎的"新疆域"。地球中低纬地区，包括陆地、海洋，也是冰冻圈影响区。冰冻圈影响区的一些国家经济高度发达，政治复杂多元，如北半球中高纬地区的国家，人口较少、社会发展水平高、经济发达。

全球变暖和科技进步使饱受冷落的冰冻圈变成了"热土"，各国纷纷沓至，冰冻圈地缘政治问题随之浮出水面。1750 年工业革命以来，人类生产生活排放的温室气体、气溶胶、各种化学物质，以及土地利用及其变化等导致全球变暖。冰冻圈地区作为全球气候变暖的敏感区，其环境变化将影响着全球自然生态系统和社会经济系统，将对全球地缘安全形成冲击，全球和区域海平面、大西洋经向翻转环流（Atlantic meridional overturning circulation，AMOC）、海洋初级生产力、北大西洋与北冰洋航道和航行、北冰洋油气资源开发、阿拉斯加输油管线、青藏铁路、陆地和海洋生态系统、基础设施和建设、原住民、文化、宗教等都将受到影响。例如，北极冰冻圈消融，航道开通，海底油气和矿藏更易开采，以及各国经济利益的驱动使北极战略地位陡然提升、地缘环境复杂化、地缘博弈激烈化。冰冻圈环境变化还会影响到更远的地方，如小岛国家和地区海平面上升、遭遇风暴潮袭击的风险增加。20 世纪中叶以来，有关冰冻圈的国际科学活动和计划、国际公约和条约的签订不断增加。众所周知的《斯匹次卑尔根群岛条约》和北极理事会等北极治理平台的搭建，《南极条约》体系的出现，以及 2007～2008 年国际极地年等，均可视为国际社会为解决冰冻圈地缘政治问题而采取的行动。国际上冰冻圈的地缘政治博弈，不仅是国家科技水平、人才队伍和经济实力的竞争，其影响甚至波及自然和社会经济乃至政治等诸多领域，并可能引发地缘冲突，因此冰冻圈地缘政治成为决策者制定战略的重要考量。

8.2 冰冻圈的地缘价值

冰冻圈主要分布于地球"三极"地区，即北极地区、南极地区和青藏高原地区。大国对资源和生存空间的追求与冰冻圈自身的地缘价值相配合，使得冰冻圈成为 21 世纪全球地缘政治的新热点和大国进行全球战略运筹的新空间。

8.2.1 丰富的自然资源

地缘政治的逻辑在于国家行为体对生存空间和稀缺资源的争夺。在地缘经济时代，资源的战略地位并没有因为科学技术的迅速发展而降低。相反，随着科学技术和世界经济的迅猛发展，资源在世界经济发展中的战略地位表现得更加突出。冰冻圈地区分布着众多自然资源，而这些资源大多是无政府管辖的人类共有物品。全球气候变暖与科技水平的提高，使原本可望而不可即的冰冻圈自然资源获取变得可能，冰冻圈的地缘价值越发凸显。

1. 丰富的能源和矿产资源

冰冻圈地区属公共物品的能源和矿产资源集中分布在两极地区。其中，北极冰冻圈地区蕴藏着丰富的油气、煤炭资源。据美国地质调查局（USGS）2008年调查估计，世界22%的尚未发现的技术上可开采的油气资源，包括世界上13%的未发现的石油、30%未发现的天然气和20%未发现的液态天然气都在北极地区。这意味着北极地区拥有大约900亿桶技术上可开采的石油、47万亿 m^3 技术上可开采的天然气和440亿桶技术上可开采的液态天然气。北极冰冻圈地区的煤炭储量达到1万亿t以上，占全球煤炭储量的1/4。北极地区煤炭具备低硫等特性，其品质是世界上最洁净、最高效的煤炭。此外，北极地区还有大量的铜镍钚复合矿，以及金、银、金刚石及铀、铁等战略性矿产资源。美国在阿拉斯加州西北岸建立了地球上最大的锌矿开采基地；在俄罗斯的东西伯利亚有世界闻名的诺里尔斯克镍矿综合企业；加拿大原本不是钻石生产大国，但近15年，其仅凭借北极地区新开发的三个钻石矿已跻身世界钻石产量三甲之列。

南极冰冻圈地区有220多种矿产资源和能源，其中铁矿品位高、储量大，可供世界开发利用200年，有"南极铁山"之称。南极大陆二叠纪煤层广泛分布于东南极冰盖下，资源总蕴藏量约5000亿t。南极地区的石油储量为500亿~1000亿桶，天然气为30000亿~50000亿 m^3，主要分布在大陆架和西南极大陆，罗斯海、威德尔海、别林斯高晋海陆架区和普里兹湾海区是油气资源潜力最大的远景区和勘探区。南极半岛还储存有铜、铅、锌、钼以及少量的金、银、铬、镍、钴等有色金属。南极大陆边缘常年不息的下降风、岸边海洋波浪（或潮汐）及地热等潜在能源资源非常丰富。此外，南大洋海底的多金属锰矿资源也非常可观。

2. 丰富的生物和海洋渔业资源

冰冻圈地区属公共物品的生物和海洋渔业资源主要分布在两极地区。北极冰冻圈地区有经济价值或潜在商业价值的海洋鱼类有鳕科鱼类、鲱科鱼类、鲽科鱼类、鲑鱼类、鲉科鱼类和香鱼。巴伦支海和格陵兰海因处在寒暖流交汇处，是世界著名渔场，盛产鲱鱼、鳕鱼。受气候变暖的影响，北极海域鱼类资源的分布变化很大，总体呈现向高纬度扩展的趋势，一些北冰洋不常见的鱼类迁徙到原来被海冰覆盖的高纬度北冰洋海域。在过去几十年中，北极每年的渔业产量约为600万t。

南极冰冻圈地区的生物资源丰富多样，在陆地边缘有低等植物和若干种昆虫生长、生活，海岸和岛屿附近有鸟类、海豹、海狮、海豚、企鹅等聚集生活和繁衍。除了鲸和海豹等兽类，南极冰冻圈地区还蕴藏着丰富的海洋生物资源，如海藻、珊瑚、海星和海绵，目前已知有鱼类200余种，头足类20种和磷虾类8种。南极冰冻圈地区海洋生物资源的开发始于20世纪60年代，捕捞对象为南极犬牙鱼、冰鱼和南极磷虾。南极磷虾以群集方式生活，有时密度达10000~30000只/m^3，估计总蕴藏量为4亿~6亿t，是全球单一物种蕴藏量最大的生物资源。

3. 丰富的淡水和水电资源

淡水和水电资源是冰冻圈地区广为存在和分布的自然资源。格陵兰冰盖水储量为 300 万 km^3，占全球淡水储量的 5.4%。南极冰盖占全球冰雪总量的 90% 以上，储存了全世界约 72% 的可用淡水。北极地区冰川的巨大落差，使得该地区蕴藏着丰富的水电资源，目前已经成为世界上重要的水电基地之一。

淡水资源是亚洲内陆高原及其周边地区最重要的自然资源，是维系中国西部、欧亚内陆干旱区绿洲，以及东南亚和南亚生态与人民生活的"生命之水"。黄河、长江、恒河、湄公河、印度河、萨尔温江和伊洛瓦底江等众多亚洲大河均发源于此，其哺育着近一半的世界人口，因而被称为"亚洲水塔"。近年来，随着全球变暖，"亚洲水塔"冰冻圈地区多年冻土消融增加，预计平均每年释放出 50 亿～110 亿 m^3 的水体，相当于黄河水利委员会兰州水文站年径流量的 1/6～1/3。

8.2.2 特殊的战略区位

区位（location）主要强调某一事物空间分布的位置、场所特征及相对于其他事物分布位置的特殊性，也强调某一区域的空间特征。战略区位强调对某一事物或某一区域发展具有战略意义的空间特征，对于国家而言，战略区位关乎国家生存发展及全球格局变化。冰冻圈成为 21 世纪全球地缘政治的新热点在很大程度上正是得益于其独特的战略区位，尤其是其军事扼制区位和商业航道区位。

1. 军事扼制区位

冰冻圈的军事扼制区位主要体现在北极地区。首先，北极连接着全球经济最发达、战略位置最重要的地区，是力量交会、矛盾丛生、关系复杂的地区。八国集团（G8）成员国全部位于北半球，二十国集团（G20）中也只有巴西、阿根廷、澳大利亚、印度尼西亚和南非属于南半球。北极地区有"建瓴之势"，是欧洲、亚洲和北美之间的战略枢纽，是距离各大国最短的战略制高点，控制了该点就能够对该地区各国进行有效的"瞰制"。北冰洋作为亚洲、欧洲、北美洲的顶点和结合点，拥有联系亚洲、欧洲、北美洲三大洲的最短航线，此外，飞越北冰洋的航空线也是联系亚洲、欧洲和北美的捷径。

其次，北极地区巨厚的冰层和电离层扰动形成的保护使这里成为军事试验和核潜艇的"理想家园"。实际上，北极在第二次世界大战期间就已经卷入人类战争史。第二次世界大战时期，德国曾集结重兵进攻苏联的北极地区。冷战时期，北极地区一直是美苏两个超级大国争斗的热点地区，双方在北极海底进行过激烈的较量。北冰洋厚厚的冰层以及冰层破裂、冰山碰撞发出的巨大噪声可以为双方战略核潜艇的活动提供天然保护。冷战后，美俄两国在北极地区的争斗依然激烈。美俄核潜艇都进行过冰下的弹道导弹发射试验，美俄利用北冰洋特殊的地理位置和冰层覆盖对潜艇的隐蔽作用进行各种军事活动。最近几年，北极寒冷之地更是成为各国军事竞争的热土。仅以 2011 年为例，美国动员包括核潜艇"SSN 康乃狄克"号和"SSN 新罕布什尔"号在内的大规模舰队在北冰洋进行了军事演习；俄罗斯表示将创建包括特种部队在内的两个特种旅派驻北极；加拿大军队动员 1000 名士兵在北极举行代号为"北极熊行动"的演习；挪威为增加自己在北极地区的军事筹码，把主要军事基地迁往北极，还史无前例地投入巨资打造 5 艘顶级战舰。

随着全球气候变暖，北极地区的军事价值和战略地位更加凸显。当今国际社会仍然没有可无缝衔接和可直接适用于北极的海洋法，也没有任何政治或法律架构能够保证北极的和平。如同美国北极研究委员会报告所言："冰雪覆盖的北极是美苏冷战时专职两国核攻击潜艇玩猫捉老鼠的游戏和弹道导弹潜艇逃避侦查的战场。在未来的温室世界，融冰会使北极变成一个传统的开放型海洋环境。"一旦北极海冰融化，北冰洋海域周边国家都会部署大量水面、水下军力，北极地区的军事化将难以避免，战略地位将进一步强化。

2. 商业航道区位

冰冻圈的商业航道区位主要体现在北极地区，即北极航道。北极航道，是指穿越北冰洋、连接大西洋和太平洋的海上航道，主要包括东北航道、西北航道及未来有潜力通航的中央航道。东北航道大部分航段位于俄罗斯北部沿海的北冰洋海域；西北航道大部分航段位于加拿大北极群岛水域；中央航道指穿越北极点的航道。长期以来，北极海冰覆盖及恶劣的自然环境导致这些航线未能得到有效利用。然而，近 150 年来全球地表温度都在上升，"而北极地区空气温度的上升幅度更是全球平均升温幅度的 2～3 倍"，使得"北极海冰"这个北极航道开通的最大制约因素逐渐解除。

首先，北极航道大大降低海运物流成本。2009 年夏，德国两艘货轮从韩国装船，在没有破冰船开道的情况下，成功穿越东北航道抵达荷兰鹿特丹港。整个航程较传统航线缩短了 7400km，不仅节省了 10 天时间，每一艘船的航次费用还节省了 30 万欧元。此次航行宣告了一条商业新航线的诞生，在北极航运史上意义重大。2013 年 8 月 27 日，中国商船永盛轮经 10 天航行成为首次经由东北航线到达欧洲的中国商船。相关研究表明，从上海经苏伊士运河到伦敦的习惯航线全程约 10500 海里①。采用"东北航道"航程约为 8000 海里，航程约缩短 2500 海里。

其次，北极航道大大降低传统海上运输安全威胁。美国著名海军战略家，"海权论"的创立者马汉曾经说过："海权在于强大的海军和海上贸易结合。"延绵漫长的海上运输线的咽喉之地往往是具有战略意义的海峡，即海上战略通道。目前，东亚、东南亚到达南亚、欧洲和非洲的国际贸易主航线分别要经过马六甲海峡和苏伊士运河。这条航线一方面受水深对货轮吨位的制约，另一方面还面临着传统安全和非传统安全的双重威胁。其中，索马里海域被称为全球最危险的海域，马六甲海峡以及苏伊士运河被西方大国战略部署与控制。北极航道为分担这些风险提供了多元选择。

8.2.3　大国战略运筹新空间

冰冻圈地区逐渐释放的战略价值驱动着诸多国家和非国家行为体积极参与冰冻圈事

---

① 1 海里=1.852km。

务，围绕冰冻圈事务的国际博弈变得越来越活跃，冰冻圈尤其是南北极地区已经成为一个世界政治、经济、交通、贸易等国际社会活动的新场所，即国际运筹新空间。

1. 北极冰冻圈地区

北极冰冻圈地区丰富的自然资源和其"公海"属性早已使其成为国际合作与竞争并存的地缘政治空间。1907 年，加拿大就曾提出扇形原则（sector principle）来夺取北极地区的领土主权，其声称位于两条国界线（经度线）之间直到北极点的一切土地应属于邻接这些土地的国家，并以此作为加拿大对北极地区岛屿主张领土主权的依据。1926 年 4 月，苏联最高苏维埃主席团通过决议，单方面宣称凡位于苏联沿北冰洋海岸、北极和东经 $32°4'35''$ 至西经 $168°49'30''$ 之间的所有陆地和岛屿，无论是已经发现的或将来可能发现的，都是苏联的领土（苏联解体后，俄罗斯在地图上仍然这样标注）。2007 年 8 月中旬，俄罗斯进行了代号为"北极–2007"的深海考察行动，旨在通过先占原则为将来可能的领土争端抢占先机。在这次高调的"插旗"行动后，俄罗斯开始通过立法，试图加快对北极地区能源的开采进程。2008 年 9 月，俄罗斯通过《2020 年前俄罗斯联邦北极地区国家政策原则及远景规划》，提出将"北极地区作为保障国家社会经济发展的战略资源基地"。2009 年 3 月，俄罗斯安全委员会发表"北极战略规划"，宣布将组建一支北极部队，以维护俄方在北极的核心利益，并明确提出在 2011～2015 年，俄罗斯将完成俄在北极地区的边界确认，确保实现"俄罗斯在北极能源资源开发和运输方面的竞争优势"。作为北冰洋国家，美国同样十分重视"北极海洋国土"主权。2013 年 5 月，时任美国总统奥巴马签署的《北极地区国家战略》概要中宣称：美国是一个北极国家，在北极地区拥有广泛和根本的利益。丹麦与加拿大就"西北航道"东部入口处的汉斯岛主权归属问题已持续争执 20 多年。在北冰洋航线"西北航道"归属问题上，加拿大政府坚持宣称"西北航道"水域是加拿大的内海，对这条航线拥有执法权。

2. 南极冰冻圈地区

自人类发现南极以来，不少国家一直试图把南极据为己有。1908 年英国最先对南极洲福克兰群岛属地提出主权要求，之后，新西兰、澳大利亚、法国、挪威、阿根廷和智利六国先后通过发表官方声明或公报等形式，也提出了各自对南极的主权要求。第二次世界大战结束后，对南极提出主权要求的国家不断增多。1959 年 10 月 15 日，在美国的积极倡导下，规定南极洲为永远专用于和平目的，不得成为国际纠纷的场所或对象的《南极条约》正式签订。然而，从表面上看是冻结领土主权的《南极条约》，实质上是抑制各国开采南极资源的欲望。在将围绕南极的领土争端"调停"后，美国在其国内迅速架构其南极政策框架，自 1978 年以来，美国国会相继通过了《南极养护法》和《南极海洋生物资源保护法》，核心内容是授权美国国务院会同国家科学基金会任命美国驻南极海洋生物资源保护公约委员会代表，决定该委员会做出的相关保护措施是否可以接受以及建立必要的执行与检查机制等。作为老牌的南极大国，英国也积极地出台新的法律和制度，其对英国进行南极开发、强化在南极的实质性存在起到了非常重要的作用。从 1994 年的《南极法》，至 1998 年生效的《关于环境保护的南极条约议定书》，再到 2013 年的《英属南极领地战略文件（2009—2013）》，这些正式制度和非正式制度为南极国家利益的实现提供了重要支撑和保障。到 2010 年初,《南极条约》协商国在南极地区共设立了 71 个南极特别保护区和 7 个南极特别管理区, 总面积分别超过 3000km² 和 5 万 km²。其中, 美国的特别管理区面积最大, 截至 2007 年已经达到 26400 km²。

南极科学考察站是维持各国在南极存在的重要形式, 也是未来 "后《南极条约》体系" 时代下国家在南极的前哨站, 在特定条件下可能被转化为国际政治权力。据统计, 截至 2014 年 2 月, 南极地区科学考察站共有 82 座。其中, 阿根廷 13 座, 俄罗斯 10 座, 智利 9 座, 英国 5 座, 美国、中国、日本各 4 座。

8.3　冰冻圈的自然资源争夺

国际公共疆域被定义为在地球上除由民族国家统辖治理国家疆域范围之外的地域, 它属于全人类的共同财产。数百年来, 这些法律权利不受约束的无主权地理空间和大量宝贵资源已成为人类探索和占用的中心目标, 这些地理空间和自然资源完全遵守着 "先到先得" 的不成文规矩, 也成为现代主权国家争相角力的领域。近年来, 随着人类开发利用自然能力的提高, 以南北极为主体的冰冻圈地区正逐步成为世界各国关注的热点地区, 并引发各国对极地资源的争夺。

8.3.1　渔业资源的争夺

囿于北极地区复杂的地理和政治环境, 有关北冰洋海域渔业资源的治理呈现不协调状态, 北冰洋核心区公海渔业合作机制存在局限性, 渔业资源尚未实现有效治理。全球性公约、北极国家之间的双边或多边渔业合作协议构成当前北冰洋核心区渔业资源共同治理的基本框架。在全球层面, 一些重要的海洋渔业管理公约或协定, 如《联合国海洋法公约》《联合国鱼类种群协定》《生物多样性公约》等均可适用于北冰洋核心区公海。北极国家间也签订了双边或多边渔业合作协议, 如 1975 年挪威与苏联签订的《渔业事务合作协议》, 1985 年美国与加拿大签订的《关于太平洋鲑鱼养护管理的条约》, 1988 年美国与苏联签订的《共同渔业关系协议》, 1992 年丹麦分别与挪威和俄罗斯签订的《共同渔业关系协议》。然而, 北极地区气候条件和生态环境的特殊性, 使得北冰洋核心区公海渔业环境脆弱、敏感, 相关渔业资源的治理规则仍处于形成阶段。

自 2010 年以来, 在美国的倡议下, 北冰洋沿岸五国召开了一系列政府层面的高官会议及科学家会议, 专门讨论北冰洋核心区公海渔业资源开发与养护, 提出通过国际协定规制商业性捕捞。2015 年 7 月, 五国达成《关于防止北冰洋核心区不规范公海捕鱼的宣言》, 明确在有充分科学证据证明北冰洋渔业可持续发展之前, 五国不会授权本国船只在北冰洋核心区的国际水域进行商业捕捞。2015 年 12 月, 北冰洋沿岸五国与中国、日本、韩国、冰岛和欧盟在华盛顿就制定北冰洋核心区公海海域渔业管理协议并进行首轮对话。在 2016 年的会议上, 尽管各方一致同意在渔业研究方面开展合作, 但对探查性捕捞和商业性捕捞的开始时间、决策的达成和渔业协定的法律拘束力等问题尚存异议。

全球变暖背景下的北冰洋逐渐演变为 "公共池塘", 其资源不归属于某个国家。在保护当地生态环境和尊重原住民权利的前提下，任何国家都有权对当地资源进行可持续利用。

在南极地区，《南极条约》生效后，各国开始搁置领土主权的争端，但并不代表放弃了各国在南极的国家利益，只是这种争夺开始由台前转为幕后。南极立法是参与南极治理的一种重要形式。各国通过出台与南极相关的法律和制度，用以规范国家和公民在南极的行为，为国家在南极的行为提供法律依据。作为当今世界最发达的极地强国，美国为争夺其南极渔业资源利益在国内积极完善相关立法工作。自 1978 年以来，美国国会相继通过了《南极养护法》和《南极海洋生物资源保护法》。英国于 1994 年通过的《南极法》包括对南极的定义、环境保护、矿产资源活动、南极动物和植物保护、相关活动的许可证、适用于英国人的法律等规定。1998 年生效的《关于环境保护的南极条约议定书》规定了南极环境及其资源的保护，包含了进入英属南极领地、南极矿产资源和动植物保护等方面的规定。在渔业资源方面，法国早在 1966 年便签署了《关于在法属南方和南极领地实施捕鱼及开发的第 66–400 号法规》，并于 2006 年进行了修订，对法属亚南极地区自然保护区的建立、南极海域的捕鱼和开发等做出了明确规范，对维护法国在南极的国家利益、增强自身在南极的实质性存在起到了非常重要的作用。

8.3.2　矿产资源的争夺

由于《南极条约》体系冻结了各国对南极资源的开采，因此当前对冰冻圈地区矿产资源的争夺集中在北极地区。美国一贯重视北极地区矿产资源的经营。阿拉斯加州是美国在本土以外面积最大的一块陆块，面积为 152 万 km^2，其中在北极圈的面积为 50 万 km^2，占全州面积的 1/3。1872 年，美国地质学家首次在阿拉斯加州东南部发现了砂金矿床，并且对其进行过小规模开采。在接下来的 25 年内，砂金的勘查和开采一直处于升温状态。1897 年阿拉斯加州邻区克隆代克特大型砂金矿床的发现与开发将该地区的淘金热潮推向顶峰，并且极大地推动了经济和社会发展。自 1987 年至今，矿业开发一直是阿拉斯加州的支柱型产业，各类矿产品的年产值在 60 亿美元左右。

加拿大北极区铁、镍–铜、锌、铅、钼和铀矿床（点）分布广泛，并且具有重要的经济意义。20 世纪 90 年代之前，加拿大金刚石找矿勘查和开发利用处于空白状态，随着 1991 年耶洛奈夫北部 300km 处拉格第格斯含金刚石金伯利岩筒的发现与开采，该国一举成为世界金刚石生产大国。

俄罗斯北极圈及其邻近的雅库茨克（Yakutsk）、玛嘎丹（Ma Jia dan）和楚克奇（Chukchi）地区面积占俄罗斯国土面积的 2/3，人口占全国人口总数的 1/3。区内镍–铜、金、铁、锡和铀以及磷灰石和金刚石矿床（点）星罗棋布，总价值为 1.5 亿～2 亿美元。有数据显示，在过去的 5 年内，俄罗斯北极圈及邻区先后有 25 处新建矿山投入生产。

8.3.3　油气资源的争夺

由于《南极条约》体系冻结了缔约国对南极能源资源的开采活动，因此当前对冰冻圈油气资源的争夺集中在北极地区。历史上,北极地区油气资源的勘探开发已持续了100多年。1956年,壳牌石油公司在阿拉斯加南岸的Wide海湾建成油气田,1988年苏联在的巴伦支海发现气田,加拿大、挪威相继在北极地区开采油气。随着全球变暖,冻圈地区的油气勘探开发活动日趋活跃,大国间的争夺也日趋激烈。

2005年3月,美国正式通过《北极钻油法案》,标志着美国解决了在冰雪覆盖的北极地区开发资源的技术难题,为美国开发极地油气资源做好了技术上的准备,这一技术突破可能成为极地能源资源开发和利用的标志性事件。2008年7月,隶属美国内政部的地质调查局经过为期4年的调查,首次证实了北冰洋冰面下蕴藏着巨量的油气资源。2009年1月,时任美国总统的布什签署了一份关于北极地区政策的国家安全指令,强调美国在北极地区有着广泛的国家根本利益,并宣称美国准备独自或与他国合作捍卫这些利益。奥巴马政府有条件地允许壳牌石油公司开始在环境敏感的波弗特海面钻取石油和天然气,这无疑是为进一步开发北极资源迈出的极其重要的一步。

加拿大较早地提出了在北极地区推进国家能源利益的构想并付诸行动。20世纪90年代,加拿大确立了相应的法律法规基础,建立了相应的机构和体现其利益的国际合作模式。2006年,加拿大联邦北极委员会又制订出《加拿大在北极和极北地区政策纲要》。但长期以来,困扰加拿大北极政策执行的主要障碍是美加两国在北极地区的矛盾不断扩大。1997年加拿大宣布自己北部诸岛间的海峡为本国领海,但华盛顿方面坚持认为这些海峡属于国际公海,两国分歧导致外交冲突。2015年加拿大启动了海军首艘北极海上巡逻船的建造。加拿大军事装备方面最新的建造计划是最早到2023年为北极地区建造可24h通信的新卫星通信系统。

丹麦、挪威、芬兰、瑞典和冰岛五国对于北极能源资源的争夺也由来已久。但是和俄、美、加三个北极大国相比,无论在资源投入还是军事介入上都更加有限,而且五国分属不同的国际组织(欧盟和北约)和地区组织(巴伦支海欧洲北极地区理事会和北极理事会),集体利益和个体利益诉求交织在一起,使得它们在协调有效地制定自己的北极政策方面颇有难度。

8.4　冰冻圈与国际航道安全

随着全球气候变暖,冰冻圈加速融化,过去被海冰和河、湖冰覆盖的水上通道逐渐通航。北极和南极地区作为涉及冰冻圈海上航行问题的两大主要地区,在地缘问题上的侧重点有所不同:北极主要是航道问题,南半球主要是航线选择和航行安全问题。北冰洋气温常年维持在-40~-20℃,海冰覆盖长达9~10个月,从商业角度来看,海上航行的操作性不高。但在全球变暖的背景下,北半球高纬地区升温最显著,升温幅度是全球平均值的两倍以上。IPCC AR5预估,21世纪北极海冰将继续退缩、范围减少、厚度变薄。到21世纪中叶,9月北冰洋可能出现无冰的情况。因此,全球气候的进一步变暖或将导致北半球冰冻圈地区的河流航运全面开通。南大洋海冰是南半球冰冻圈的主体之一。研究表明,南极海冰范围的变化和北半球的差别很大,因此未来南大洋的海上运输仍将保持夏季部分时间的通航,以保障南极大陆科学考察后勤供给。

8.4.1　冰冻圈变化对国际航道的影响

1. 北极航道及当前航运发展概况

北极航道是指穿过北冰洋、连接大西洋和太平洋的海上航道。截至目前，北极有两条航道，分别是大部分航段位于俄罗斯北部沿海的东北航道，以及大部分航段位于加拿大北极群岛水域的西北航道。另外，理论上还有一条穿越北极点的"中央航道"。这条航线从白令海峡出发，直接穿过北冰洋中心区到达格陵兰海或挪威海。北冰洋中心区域全年被海冰覆盖，这条航线只有到北平洋无冰时才可能通航，预计在 21 世纪中叶以后开通（图 8.1）。

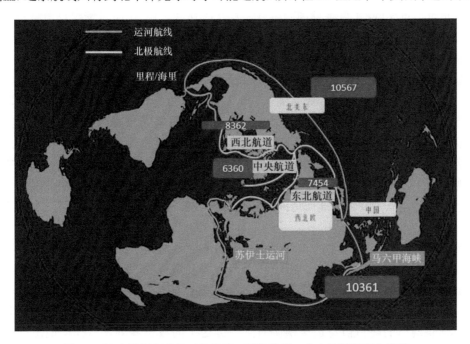

图 8.1　冰上丝绸之路的三条航线：西北航道、中央航道和东北航道
注：图中数字表示航道距离

西北航道是指从北大西洋经加拿大北极群岛进入北冰洋，再进入太平洋的航道，是连接大西洋和太平洋的一条捷径，其在 19 世纪中叶已被发现。西北航道大部分航段位于加拿大北极群岛水域，从白令海峡起向东沿阿拉斯加北部离岸海域，穿过加拿大北极群岛，直抵戴维斯海峡。该航线在波弗特海进入加拿大北极群岛时分成两条支线：一条穿过阿蒙森湾、多芬联合海峡、维多利亚海峡到兰开斯特海峡；另一条穿过麦克卢尔海峡、梅尔维尔子爵海峡、巴罗海峡到达兰开斯特海峡。

东北航道是西起挪威北角附近的欧洲西北部，经欧亚大陆和西伯利亚的北部沿岸，穿过白令海峡到达太平洋航线的集合。东北航道大部分航段位于俄罗斯北部沿海的北冰洋离岸海域，从北欧出发，向东穿过北冰洋巴伦支海、喀拉海、拉普捷夫海、新西伯利亚海和楚科奇海五大海域直到白令海峡，连接的海峡有 58 个，其中最主要的有 10 个。东北航道是联系大西洋和太平洋港口的重要航道，是俄罗斯西伯利亚许多城市的供给线，燃料、食品和其他物资经由这条航线补给。1987 年运输量达到 700 万 t，苏联解体后迅速下降，20 世纪 90 年代末只有 1.5 万 t。1991 年俄罗斯政府宣布北方航道开放，发布了《北方海航道航行指南》，对各国船只采取无歧视政策，鼓励航行。

2017 年 11 月 2 日，中国国家主席习近平在会见访华的俄罗斯总理梅德韦杰夫时，双方提出了开展北极航道合作，共同打造"冰上丝绸之路"的建议。随着北极航道的逐渐开通，越来越多的国家和商业集团开始着眼筹划、开发这条航道的商业价值。当前，受自然条件、沿海国航运政策、资源开发状况等因素的综合影响，东北航道、西北航道、中央航道的发展呈现出明显的时序差异。

东北航道自 2009 年夏季德国两条商船首次成功试航后，国际过境船只数量和货运量已经有了明显增加。据俄罗斯北方海航道管理局相关统计，2009～2013 年，过境北方海航道的航次数从 2 个增加到 71 个，货运量从 5000t 增加到 1360000t。2014 年，受西方经济制裁和燃油价格急剧下跌影响，过境航次数有所下降（41 航次）。从运送货物类型来看，大部分是液化天然气、成品油和铁矿石，少量的是海产品。值得注意的是，2014 年开始出现集装箱船的过境运输，俄罗斯 Zapolyarniy 号集装箱船在北方海航道中部的杜丁卡港和世界最大集装箱港上海之间实现了往返运输。这一年以中国为目的港和出发港的航次达到了 10 个。非俄罗斯籍船只也呈增长趋势，特别值得一提的是，一些散货轮经常出现在各年度过境北方海航道的名单中，如 Nordic Barents 号等，表明北欧的一些散货运输企业已建立了专营东北航道的船队和业务。东北航道的航运已经进入小规模的商业利用阶段。

在 20 世纪初到 2012 年的 100 多年里，西北航道总共有 200 多个航次经过，大部分是探险艇，少量是旅游客船。2013 年 9 月，丹麦散货船 Nordic Orion 号在加拿大海岸警卫队破冰船的护卫下从温哥华经白令海峡、西北航道运送 15000t 煤到芬兰南部波里港，实现了西北航道的首个商业航运活动。2014 年，加拿大 Nunavik 号从西北航道哈得孙海峡南岸的萨卢伊特运送镍矿石到中国辽宁的鲅鱼圈港，以往该地出产的镍矿石主要供应欧洲市场。特别值得一提的是，该船的冰级①为 PC4，是目前世界船队中冰级最高的商船，表明在西北航道海冰不断减少的条件下，现有破冰船建造技术在保障冰区安全航行的同时，其建造成本大幅度降低，高冰级船舶的经济性提高。有研究指出，PC4 冰级的船只也适用于北极航道冬季通航。西北航道目前处于航运业务的试验阶段。

"中央航道"的走向与东北航道相似，基本沿着中央浮冰区边缘伸展，其海运里程更短，法律地位优越，但随时出没的浮冰区对于低等级船只是一个潜在挑战。除了科学考察船，目前尚无商船利用该航道过境。

综合来看，东北航道、西北航道和中央航道处于不同的发展阶段，其中东北航道已经实现小规模的国际化、商业化，基础设施条件相对较好，俄罗斯北方海航道货运

---

① 船的冰级分为 7 级，从 PC1 到 PC7，PC1 冰级最高。

需求很大，发展政策也趋于积极，但俄美间全球层面的地缘政治关系变化是一个不确定因素，未来可能影响东北航道的发展。西北航道处于国际化、商业化试验阶段，固定的过境通行运营业务尚未建立起来，基础设施条件和服务相对欠缺，加拿大和美国西北航道货运需求不大，发展政策相对消极，加美间的盟国关系和既有双边通行协议基本满足双方需求，但对其他国家并不公平。中央航道自然条件相对较差，技术要求也比较高，但其公海的国际地位是明确的，法律争议较少，地缘政治因素干扰也较小。在航运需求方面，由于走向重叠，中央航道与东北航道存在一定的竞争性，航道沿岸国的航运需求比较小。

2. 通往南极的航线

通往南极的海上航线始于 18 世纪初的帆船探险，目的是寻找"未知的南方大陆"，代表人物是英国人詹姆斯·库克船长。挪威探险家罗阿德·阿蒙森第一个抵达南极点（1911 年 12 月 14 日）、英国人罗伯特·斯科特第二个抵达南极点（1912 年 1 月 17 日）。直到现代，气象条件和海冰、浮冰群、冰山仍给南极航行带来极大的挑战和风险。目前，尽管有威力强大的破冰船和抗冰运输船可破冰航行，但航行也只在夏季进行，在通过南极辐合带（48°S～61°S）时，面临惊涛骇浪，航行仍要付出巨大艰辛，海冰、冰山、浮冰群和气象条件仍然是航海的克星。现在，南大洋的天气和海洋服务有了很大的改善：一是数值天气预报精度和分辨率大大提高，中小尺度精准预报可以提供南大洋航线上的天气预报和实时报告；二是极地船只一般都配备了气象卫星接收系统，有的还装备了天气雷达，以引导航船避开不利天气影响，保障航行安全；三是世界气象组织在南半球设立气象中心，专为前往南极的航船和飞机提供天气服务。

8.4.2　冰冻圈国际航道的大国博弈

1. 大国有关北极航道的立法

在北极地区，俄罗斯和加拿大均制定了有关北极航道的法律。东北航道在新地岛以东水域与俄罗斯历史上完成探索和界定的北方海航道是重合的。早在 1991 年，俄罗斯就颁布了《北方海航道海路航行规则》，从此北方海航道进入了开放时代。之后又于1996 年颁布了《北方海航道航行指南》、《北方海航道破冰船领航和引航员引航规章》和《北方海航道航行船舶设计、装备和必需品要求》等技术性规则。2013 年俄罗斯对上述法律进行了相关修订，颁布了《关于北方海航道水域商业航运的俄罗斯联邦特别法修正案》。根据新的俄罗斯法律，北方海航道水域范围与其 200 海里专属经济区一致，消除了北方海航道是否扩大到北极点及其周围公海的争议，此举也同时使中央航道的南部边界清晰化。俄罗斯新法律还规定了需要核动力破冰船引航的具体条件，从而使独立航行成为可能。在破冰船领航服务收费政策上，采取按照服务内容分段分时计费，且只给出收费的上限标准，使其带有一定商业操作上的灵活性和还价空间。总体上，相比旧政策，俄罗斯北方海航道航运政策趋于开放和鼓励国际过境通行。

加拿大对于西北航道水域拥有主权的主张与同样是航道沿岸国并坚持自由航行的美国存在难以消解的争议。但近年来加拿大逐步加强了西北航道行政规章建设和来往船只的监督管理，2010 年出台了《北加拿大船舶航行服务区规章》，对进入加拿大北极水域航行的船舶（包括本国和外国船舶）规定强制性的报告制度，改变了过去只要船舶不靠岸是否报告由船舶自愿决定的做法。除了目前还不具备提供强制性或半强制性破冰船引航收费服务外，加拿大西北航道的法律实践和管理方式越来越仿照和趋同俄罗斯，不过是朝着收紧的相反方向发展。

　　美国对于俄罗斯和加拿大的北极航道"内水化"的主张历来是反对的，因为这影响了其自由航行的核心利益和原则立场。但近年来，美国开始加强阿拉斯加北部海域海洋生态环境保护区建设，此举是否会影响未来西北航道的自由航行还有待观察。

2. 大国有关北极航道的权益主张

　　自由航行是全球海洋权益的焦点问题之一，也是与北极航道直接相关的北极地缘政治的焦点问题。冷战时期苏联出于主权和战略安全考虑，强调北方海航道的历史性权利，完全关闭北方海航道，禁止外国船只通行。美国和加拿大则认为，外国船只未经报告出入西北航道将影响其主权，即使盟国的船只也不例外。东北航道之争主要发生在俄罗斯与美国、欧盟等国家和地区之间，而西北航道之争主要发生在美加之间。当前，俄罗斯对北极航运采取经济和军事分离的政策，对舰只依然禁止，对普通商船则逐渐采取鼓励政策。加拿大通过双边协议稳住最大的反对国美国，对西北航道水域加强管控，2010 年把自愿性的《北加拿大船舶航行服务区规章》变为强制性的报告制度。美国坚持全球海洋包括北冰洋的自由航行政策主张，认为北冰洋自由航行关乎其国家安全利益。如果把商船和舰只的自由航行分开看，美国的主张对于前者具有公利性，对于后者则侧重其自身利益。

8.5　冰冻圈与国际河流水冲突

8.5.1　冰冻圈变化对国际河流水冲突的影响

　　地球上大江大河的源头大多分布在冰冻圈地区。近几十年来，在全球气候变化的影响下，冰冻圈水文生态变化加剧，进而引发一系列严重的环境和社会问题。具体而言，全球气候变暖，冰川加速消融，尽管短期内导致河流径流增加，但长此以往，冰川大幅萎缩，势必加剧河川径流持续减少，这不仅导致水量供需失衡，而且导致冰川调节作用减弱或丧失，还会引起河流生态环境的连锁反应与国际河流流域权力结构失衡、人口激增叠加，从而引起甚至激化国际水危机、水争端等系列国际政治问题。当前，国际河流流域水的缺乏和冲突、流域国之间的水紧张、水的竞争性利用以及水政治关系等已成为国际社会将要面对和解决的最迫切、最复杂和最有争议的问题之一。

　　青藏高原是南北极之外最大的淡水储存库和地球十大河流系统的源头，被誉为"亚洲水塔"，是全球气候变化的敏感指示器。全球气候变化加速青藏高原地区的冰川消融，改变跨国界河流径流量的年度和季节性变化，增加水资源分配模式的不稳定性，使地区性洪涝灾害增多，水治理难度提升，也使主要流域面临水短缺性和脆弱性陡增与生态环境持续恶化的危机。自 1962 年以来，青藏高原涉及的中亚和南亚国家的人均水资源呈现逐年缩减态势。尤其到了 2014 年，巴基斯坦和土库曼斯坦已经属于"极度缺水"类型国家。除了尼泊尔之外，南亚国家人均水资源占有量均低于 1700 m³/a，属于"重度缺水"和"水紧张"型国家。

青藏高原自然环境变化与周边流域社会经济因素相叠加，使这些变化不仅影响青藏高原地区国家的水力开发计划与基础设施安全，而且加剧地缘政治博弈的复杂性，从而对流域内各流域国家的水资源竞争利用、水安全以及社会经济可持续发展提出了挑战。一方面，在气候变化的背景下，高山冰川快速融化、湖泊消长，改变了水资源的时空分布，加剧了地区性水资源稀缺性危机，跨境水资源的共享性加剧了国家间水资源的争夺，"亚洲水塔"周边地缘政治敏感区所蕴藏的复杂内容密集爆发。另一方面，气候变化对于"亚洲水塔"的影响还具有全球性，其不仅关系着亚洲国家的生存与发展，还产生域外国家在该地区地缘政治的摩擦，导致青藏高原及其周边国际河流成为国家、地区之间地缘冲突和地缘政治博弈的焦点之一。

8.5.2　冰冻圈周边国际河流水争端的主要表现

国际河流水资源争端的根源来自国家利益的竞争性，各流域国根据自身国家利益坚持不同的主权主张，提出不同的利益诉求，其还源于不同国家对水资源权属、水资源分配规则、国际法基本原则等的不同解读。当前，处理国际水争端的原则主要包括绝对领土主权论、绝对领土完整论、先行利用主义、有限领土主权论和财产共同体论等。绝对领土完整论、先行利用主义并不能为上下游沿岸国之间的利益协调提供解决办法，也不利于对国际水资源和水生态系统的保护，有限领土主权论和财产共同体论较好地协调了上下游国的权利，保证了在所有利益方平等使用的大框架内公平合理使用水道的权利。然而，冰冻圈变化加剧了国际河流水资源争端的复杂性，导致世界范围内冰冻圈周边国际河流水资源争端的内容趋向多元化，其主要表现在五个方面。

1. 划界争端

国际河流是指涉及两个或两个以上国家的河流，既包括穿过两个或两个以上国家的跨国河流（international river），也包括分隔两个国家而形成其边界的边界河流（boundary river）。国际河流与流域国间的划界有着千丝万缕的联系，很多国际河流恰恰是两国的国界线。当两国之间的边界与国际河流流域水系相重合而邻国间对边界的准确位置的划分有异议时将会引发争端；当国际河流沿岸国天然或人为地改变与两国间的边界相重合或者代表两国间边界的河道时也会引发争端。此外，国际河流有一定的宽度，而国际河流的航道随着年际水文、自然条件、气候条件的变化和汛期早期的交替等因素会发生迁移，从而给两岸国家的划界带来困难和不确定性。这种由于河流地理变化引起的河流中心线的变化也会产生新的争议，其增加了国际河流水域划界争端发生的频率。国界不仅涉及领土问题，还涉及主权、渔业权、水权、航运权等复杂的经济利益，更涉及复杂的历史、经济、政治和文化等因素，因此这种争端的解决过程一般历时较长。

2. 航行权争端

航运是国际河流水域最早的开发利用方式，也是国际水域的主要功能之一，90%的商品贸易是通过轮船运输的，如莱茵河、多瑙河、亚马孙河和圣劳伦斯河等都是航运较为发达的国际河流。历史上经常发生因为下游国家封锁出海口而引起争议，或不按规定设立航标等。目前的国际法公认国际河流的所有沿岸国应享有平等的航行权，但是国际水域的自由航行权一直存在诸多争端。

3. 水量分配争端

水是国家最重要的战略资源，其与国家安全、人民生存、经济发展息息相关。全球性水危机和水资源的短缺使得国际河流水资源的水量分配成为很多地区的争端甚至战争的导火索。水量分配争端是一种"零和争端"，如一国分配的水量多了，则他国分配的水量就少了，这是一种绝对的排斥型的争端模式。对于缺水地区而言，水的需求正在迅速超过现有的可用淡水量，同时由于这些地区的很多重要水源都是两个或多个国家分享的国际河流，而这些国家又极难在如何分配现有水资源的问题上达成一致意见，随着人口的激增和环境的日益恶化，关于水资源的争夺必将愈演愈烈。

4. 水污染争端

国际河流水污染包括两种：一种是常规性污染；另一种是突发性污染。常规性污染主要包括上游国家对河流水源区植被的破坏与水土流失造成的水源污染；流域城镇和厂矿企业排放生产废水和生活污水造成的水体污染；船舶运输排放的垃圾污水、油污造成的水体污染；农业使用大量化肥、饲料添加剂、杀虫剂导致的水体污染和富营养化；修建大坝导致的淤泥积压、水生态受损以及土壤盐碱化等。突发性污染难以预见、种类多样，主要包括运油船搁浅、碰撞或运送化学品的船舶倾覆造成的污染，工厂事故仓库爆炸、泄漏，以及核电站事故、地震海啸等其他突发事件引起的水污染事故等。由于国际河流空间分布的跨国性、各国对境内水资源占有的排他性，国家间的水污染问题相互依存、利害攸关，上游国家水污染将成为其与下游国家争端的潜在因素。

5. 水能开发利用争端

水能利用是一种非消耗型利用，建大坝开发水电既能调节流域汛季旱季的水量，又能发电，而且这种发电方式提供的是一种清洁能源，对于国际河流所有流域国都有好处。但是，如果流域国尤其是上游国单方面进行水资源开发利用也容易导致国际争端。这种争端主要有开发利用引致的水益分配争端，水利开发对国际河流水量、水质、水生态等造成影响而引发的争端，以及利用水利设施作为战争武器或者工具引发的争端等。

8.5.3　中国及周边国际河流水争端

中国境内国际河流主要分布在西南、西北和东北边界地区，其与冰冻圈密切相关。这些河流的跨国性，使得其利用和管理不仅是一个环境问题，而且是一个国际地缘政治问题。

1. 西南及周边地区

中国西南及周边地区国际河流水争端主要集中体现在雅鲁藏布江（布拉马普特拉河）-恒河流域和澜沧江-湄公河流域。

其一，域内大国印度和域外国家对恒河流域水资源的控制与干预是引起该区域水资源争端的主要根源。源头位于喜马拉雅山脉北麓的雅鲁藏布江是恒河的上游。雅鲁藏布江流入印度境内叫布拉马普特拉河，流入孟加拉国后叫贾木纳河，最后在孟加拉国境内注入恒河左岸。恒河流经多个国家，它是印度和孟加拉国两国的生命线。恒河的另一条支流孔雀河（马甲藏布）也源自喜马拉雅山脉北麓的冰川，其流入尼泊尔后称为格尔纳利河，再流入印度改称卡克拉河，是卡克拉河两大支流之一，而卡克拉河是恒河左岸支流之一。水资源成为印度向周边国家（巴基斯坦、孟加拉国、尼泊尔等国家）施加政治压力的工具。印度 1962 年建设法拉卡水坝时没有考虑其他国家的反对意见，尤其是孟加拉国的态度。水坝建成后，流向孟加拉国的恒河水量旱季时减少到建成前的 1/11~1/8，严重影响了孟加拉国的农业经济，两国的"水危机"日益加深。此外，国际社会参与该流域水资源治理也加剧了地区的矛盾。日本为了扩大在南亚的政治影响力，与印度、孟加拉国和尼泊尔等开展了一系列水电合作项目；欧洲多次在南亚地区就河流水资源计划展开研讨会。

其二，过度开发导致民间争端，域外国家的干预让湄公河流域水合作举步维艰。湄公河发源于中国唐古拉山东北坡的扎曲河，在中国境内称为澜沧江，流入中南半岛后的河段称为湄公河。湄公河全长 4909km，是世界第七大河流，其流经中国、老挝、缅甸、泰国、柬埔寨和越南，下游三角洲在越南境内，有 9 个出海口入南海，故越南将其称为九龙江。湄公河流域水资源利用合作被视为第三世界最成功的跨境水管理案例之一。

几千年来，湄公河的水文系统和流域生态保持着动态平衡。20 世纪 50 年代，尽管战争造成了流域国家间的分裂和敌对，但水外交仍通过湄公河合作机制不断演变而坚持了下来。20 世纪 90 年代以来，干流和支流建设大坝的累积，对自然和社会经济系统都产生了影响，跨境水争端主要体现在民间层面，尚未达到国家冲突的程度。随着开发规模和步伐加大、加快，湄公河社会–生态系统受到影响。按照湄公河干流梯级方案开发，有几千平方千米的森林和农田将被淹没，需要安置十几万移民，重要鱼类的洄游将受限，从而威胁渔业和粮食安全，这将加剧流域国家之间的紧张关系。1957 年，下湄公河流域调查协调委员会成立（目前的湄公河流域调查协调委员会成员国不包括中国和缅甸）。2016 年，中国倡导的澜沧江-湄公河合作（澜湄合作）机制正式启动。目前，澜沧江-湄公河流域国家之间的争端随干流开发计划而升级。美日印等国家扩大在该地区的存在以平衡中国的影响力，进而大湄公河次区域成为域外大国掣肘中国的一个重要地区，这就增加了流域水资源治理的难度。目前，中国作为负责任的上游邻国，通过亚洲基础设施投资银行建立项目准入机制，规范项目开发，进一步提升与大湄公河次区域各国的跨境水资源治理和合作。

2. 西北及周边地区

中国西北及周边地区的国际河流多来自冰冻圈，以流经中国和哈萨克斯坦的额尔齐斯河与伊犁河为主。其主河流由中国出境，源头有的来自境外，部分支流为界河。这些跨界河流的利用、开发、治理，直接影响两国的自然生态环境和国民经济，也影响两国的关系。

伊犁河和额尔齐斯河是位于中国西北部的两条国际河流。其中，伊犁河流经中国、哈萨克斯坦，最后注入巴尔喀什湖；额尔齐斯河流经中国、哈萨克斯坦、蒙古、俄罗斯，最后流入北冰洋。当前，中国和邻国在新疆北部地区的水资源利用与相应的水工程建设仍存在分歧。国际河流的协调开发和管理、解决共享水资源的竞争利用与冲突、控制跨境水污染、维护生物多样性是促成国家间合作的关键，伊犁河和额尔齐斯河的公平合理利用和协调管理更影响着中国与哈萨克斯坦、蒙古、俄罗斯等邻国的民族交流，关系着相互之间的经济合作和稳定。因此，为消除与邻国的分歧、避免形成水资源争端，中国需做好国内外环境评估工作，分析水利建设的利弊。

3. 东北及周边地区

东北亚的两条国际河流鸭绿江和图们江都发源于多年冻土带的长白山脉。其中，鸭绿江是中国和朝鲜的界河，发源于长白山天池南麓，流经吉林、辽宁两省和朝鲜的两江道、慈江道、平安北道，在东港市注入黄海。鸭绿江全长795km，流域面积6.45万km^2，中国一侧为3.25万km^2。图们江是中国与朝鲜、俄罗斯的界河，发源于长白山山脉主峰东麓，自南向北流经中国的和龙市、龙井市、图们市和珲春市，朝鲜的两江道、咸镜北道，俄罗斯滨海边疆区的哈桑区，在俄朝边界处注入日本海，干流总长525km，中朝界河段510km、俄朝界河15km。1990年中朝双方进行第二次边界联检，双方在部分岛屿的归属上产生划界分歧。水土流失使河岸崩塌，进而使河流改道，从而导致国土流失，1995年鸭绿江干流发生大洪水，导致吉林省内鸭绿江大堤毁损千余处，五处河流改道，流失国土面积达$13\times10^6\,m^2$。

8.6　冰冻圈与国家边界变迁

国家边界是国家领土、领水和领空划定的基础，决定国家存在的地理空间，限定其行使国家领土主权的范围，具有相对的稳定性、限定性和不可侵犯性。按照国界线的划分方法，国界线有人为国界和自然国界之分。其中，自然国界是指利用山脉、河流、湖泊、海洋、沙漠等对交通起障碍作用的自然地理界线所划分的国家边界。自然边界是有关国家通过有关协议明确规定的，但也常常因各方所持观点不同而产生边界纠纷。为精确划分国界线，按照国际惯例，当相邻两国间采用自然地理特征作为边界时，山脉多以分水岭为界，如比利牛斯山脉的分水岭构成了法国与西班牙的边界；通航河流以主航道中心线为界，不通航河流以河道中心线为界，如中俄东段大部边界以黑龙江和乌苏里江主航道中心线为界；湖泊或内海以中心线或两岸陆上边界的端点连成的直线为界，前者如美国和加拿大之间的苏必尔湖，后者如中俄之间的兴凯湖；海峡的划界方法与河流相类似。

8.6.1　冰冻圈上的国家边界变迁

受到全球气候变暖的影响，冰冻圈地区的自然环境在加速改变，突出表现在全球冰川严重退缩、北极海冰和北半球积雪迅速减少，以及多年冻土活动层增厚。自然边界的稳定性受到诸多挑战，如河流主航道中心线随水文状况而变化、山脉的山脊线与分水岭不相重叠、南北极领土划界之争等，加上历史遗留问题、大国扩张政策、民族矛盾、宗教冲突、国力此消彼长等，冰冻圈内许多国家和地区存在疆界争端问题。例如，瑞士、意大利和法国部分国界以河流、积雪和阿尔卑斯山冰川为界。其中，瑞士和意大利通过阿尔卑斯山冰川的山脊线划定边界。但全球变暖正加速阿尔卑斯冰川融化，1940～2000 年，采尔马特（Zermatt）附近的冰川脊线移动了 100～150m（图 8.2），这让意大利和瑞士不得不重新以裸露陆地或岩石的水分界线划定两国边界。2008 年 5 月，瑞士和意大利政府在罗马达成协议，将受影响的边境重新定义为可根据冰川变化而移动的边界。2009 年 5 月，意大利议会通过立法批准该协议，承认边界是可移动的，瑞士在没有立法的情况下采纳了这一协议。同样地，瑞士和法国之间的部分边界也通过冰川、雪场或河流而界定。例如，瑞士和法国之间 103km 的边界中有 50km 是以河流中间线界定的。但随着洪水引起河道中间线变动的加剧，两国政府同意重新谈判他们的边界，将环境变化引起的自然特征改变纳入边界划分考量之中。

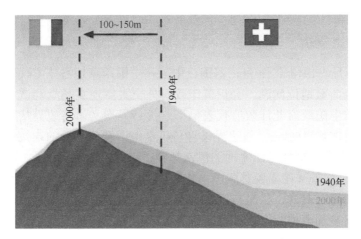

图 8.2　1940～2000 年意大利和瑞士在采尔马特（Zermatt）附近的冰川脊线移动状况

资料来源：https://www.swisstopo.admin.ch/.

8.6.2　冰冻圈地区中国边疆变化

清代，康乾盛世时有 1300 多万 km² 的陆疆，后因不平等条约割占、强邻插手及威胁掠夺，导致大片北方领土丧失，包括黑龙江以北、乌苏里江以东、新疆西北和蒙古，这些地方基本位于冰冻圈区。

1. 中俄领土变迁

清朝奠定了我国今天疆域的基础，鼎盛时疆域西跨葱岭（帕米尔高原），西北达巴尔喀什湖，北接西伯利亚，东北至黑龙江以北的外兴安岭和库页岛，东临太平洋，东南到台湾及附属岛屿钓鱼岛、赤尾屿，南至南海诸岛，陆地疆土达 1300 多万 km²，其中北方领土基本都在冰冻圈地区之内。

清朝初期，正值西方工业革命开始阶段，但中国却实行闭关锁国政策，逐渐沦为半殖民地半封建国家，还签订了诸多不平等条约，丧失了大片国土，其中大部分在北方冰冻圈地区。1689 年的中俄《尼布楚条约》、1858 年的中俄《瑷珲条约》和 1911 年的《满洲里界约》是丧失北方寒冷地区土地最典型的三个条约。1689 年 8 月 22 日，清俄两国在尼布楚（今俄罗斯涅尔琴斯克）谈判，9 月 7 日签订了中俄《尼布楚条约》，划分了中俄东部边界，法律上确立了黑龙江和乌苏里江流域包括库页岛在内的广大地区仍属于中国，同时同意把大片土地割让给俄罗斯。《瑷珲条约》，又称《瑷珲城和约》，是于 1858 年 5 月 28 日在瑷珲（今黑龙江省黑河市爱辉区）签订的不平等条约，该条约令中国失去了黑龙江以北、外兴安岭以南约 60 万 km² 的领土，把乌苏里江以东的中国领土划为中俄共管，黑龙江、乌苏里江只准中俄两国船只航行，当时清政府拒绝批准该条约，直至 1860 年签订中俄《北京条约》时，清政府才予以认可。该地区一系列争议问题直到 2004 年根据《中华人民共和国和俄罗斯联邦关于中俄国界东段的补充协定》才重新划界。

2. 中印领土争端

1913 年 10 月～1914 年 7 月，英国、中国和中国西藏地方三方代表在英属印度西姆拉开会，讨论西藏地位问题。会后英印政府外交大臣麦克马洪利诱中国西藏地方噶厦的代表，背着中国政府北洋政府代表搞了一份划界换文，将边界从阿萨姆平原边缘向中国西藏方向推移 150km，新边界以喜马拉雅山山脊分水岭的连接线作为界线，西起中国–不丹边界，东至独龙江流域的伊索拉希山口，长约 1700km，涉及门隅（西藏错那县版图内）、珞隅（在墨脱县版图内）和察隅，将原属于中国西藏地方的 9 万 km² 国土划入英属印度。对此，当时对西藏拥有主权的中国政府并不知道，达赖喇嘛和噶厦政权也未授权参加西姆拉会议的代表有划界的权利，后来了解了情况的噶厦政权和历届中国政府对麦克马洪线均不予承认，英国也没有将麦克马洪线作为边界线。直到 1936 年，麦克马洪线第一次出现在英属印度的地图上，标注为"未标定国界"，遭到了中国政府的反对。

8.6.3　冰冻圈变化与领土争端

冰冻圈的变化改变了人类可活动范围，冰冻圈变化不仅使得自然边界的稳定性受到挑战，也使得过去人类难以涉足的高寒地区的价值不断凸显，激化了冰冻圈内国家领土主权矛盾，其中影响最为明显的是北极地区领土争端的加剧。

自 2007 年 IPCC 第四次评估报告（AR4）发布以来，新的观测数据进一步证明，全球气候系统的变暖"毋庸置疑"。全球气候持续变暖的今天，冰冻圈各要素的冰量总体处于亏损状态。1979 年以来，北极海冰和北半球春季积雪范围持续减小，北半球多年冻土活动层厚度增加、多年冻土温度上升、南界北移，而季节冻土厚度变薄且范围缩小。北极海冰退缩为大陆架和洋盆的矿产资源开发创造了条件，但产生了领土和资源纷争。1990 年以来，伴随着北极海冰的显著退缩，美国和加拿大对北极大陆架的争端开始在各大媒体显现。目前，环北冰洋 8 个国家都不同程度地对北冰洋大陆架及海域提出领土要求，并进行资源开发。2005 年 8 月 4 日，俄罗斯向联合国提出拥有 120 万 km^2 海域资源开发权的要求。2007 年 8 月 2 日，俄罗斯一支科学考察队乘深海下潜器，抵达北极点附近 4000m 深的海底，插上钛合金制作的俄罗斯国旗。2014 年 12 月，丹麦成为第一个向联合国就北极点提出正式主权要求的国家。丹麦声称北极点海底的罗蒙诺索夫海岭（Lomonosov ridge）属于其境内自治领土格陵兰岛的自然延伸。丹麦所主张的面积约有 89.5 万 km^2，相当于其本土面积的 20 倍之多。2015 年 8 月，俄罗斯向联合国的大陆架界限委员会（CLCS）递交申请，要求得到更多北冰洋领土的主权，其中包括北极点海底的两大海岭门捷列夫（Mendeleev）和罗蒙诺索夫海岭。

8.7　中国的冰冻圈地缘战略

中国在冰冻圈拥有广泛的战略利益和诉求，冰冻圈的地缘价值关乎中国和平发展的外部环境和战略机遇。因此，中国需站在历史高度，一方面在国家安全体系框架下构建冰冻圈地缘战略；另一方面，紧扣人类命运共同建设的时代主题，积极参与全球治理。

1. 树立经略理念，大力发展冰冻圈经济

中国是冰冻圈大国，拥有除南北两极外最大面积的冰川，自古以来先辈们在冰冻圈及毗邻地区生产、生活、繁衍，创造了灿烂的文化业绩，有能力将冰天雪地变成金山银山。中国长期对与冰冻圈相关的国家安全关注不足，尤其对如何经略冰冻圈，使它更好地为社会经济服务重视不够。今后，中国应树立经营理念，最大限度地发挥冰冻圈服务效能，大力发展冰冻圈经济，包括：①提高冰雪产业、能源开发、航道通行等方面的能力。紧扣"一带一路"倡议，将冰冻圈与自然资源、生态环境效应等与社会经济发展结合，从大局出发，全球规划，分期分步推进。②对冻土和积雪变化后工程服役性功能进行评估，为工程安全运营提供科学支撑，打造互联互通的冰冻圈走廊。③大力发展中国雪冰体育运动及其产业，实现产业发展、脱贫攻坚、乡村振兴等国家战略的协同性。当

然，在经营冰冻圈产业过程中，应坚守"保护第一、开发第二，先规划、后建设"，合理布局和确定发展规模及次序，避免掠夺性开发和重复开发。

2. 加强科学研究，增强开发冰冻圈的能力

首先，通过科学研究增强认知能力。冰冻圈是全球气候系统的五大圈层之一，冰冻圈的科学研究是有效开发利用冰冻圈区自然资源的基础，如海冰预报的准确与否影响通航安全，资源开发与利用也需要加深对冰冻圈变化的认知。其次，为提高极寒环境可达性和资源开发能力，必须研发特种技术和装备。最后，需加深对冰冻圈区社会、文化、法律、宗教、风俗习惯等方面的理解，增强对冰冻圈人文社会的认知，提高冰冻圈经营管控能力。

3. 加强国际合作，增强与相关国家的战略互信

国家之间为了减少或消除战略误判，降低了双方在重大利益上的冲突风险。在南极地区，中国应坚决维护《南极条约》体系稳定，加大南极事业投入，提升考察保障能力，与国际社会携手打造南极"人类命运共同体"。在北极地区，中国应通过双边和多边机制，在区域和全球应对各类传统与非传统安全挑战，构建和维护公正、合理、有序的北极治理体系。通过认识北极、保护北极、利用北极和参与治理北极，在北极领域推动构建"人类命运共同体"。在"亚洲水塔"地区，中国应本着"尊重、合作、共赢、可持续"的基本原则，尊重"亚洲水塔"流域国家享有的水资源利用与开发的权利，尊重流域国家的宗教和文化传统，尊重国际社会在"亚洲水塔"的整体利益，通过区域、多边和双边等多层次的合作形式，推动"亚洲水塔"区域内外国家、政府间国际组织、非国家实体等众多利益攸关方共同参与，在气候变化、科研、环保、航道、资源、人文等领域进行全方位的合作，推动各参与方之间的共赢，促进"亚洲水塔"各领域的发展，实现"亚洲水塔"区域的自然保护和社会发展之间的协调。

思 考 题

1. 简述地缘政治的概念和内涵及其发展阶段。
2. 论述冰冻圈的地缘政治意义。
3. 思考中国如何经略冰冻圈以服务于国家战略目标。

主要参考文献

北极问题研究编写组. 2011. 北极问题研究. 北京: 海洋出版社.

陈德亮, 秦大河, 效存德, 等. 2019. 气候恢复力及其在极端天气气候灾害管理中的应用. 气候变化研究 进展, 15(2): 167-177.

高华君. 1987. 我国绿洲的分布和类型. 干旱区地理, (4): 23-29.

葛全胜, 江东, 陆锋, 等. 2017. 地缘环境系统模拟研究探讨. 地理学报, 72(3): 371-381.

李曼, 丁永建, 杨建平, 等. 2015. 疏勒河径流量与绿洲面积、农业产值及生态效益的关系. 中国沙漠, 35(2): 514-520.

刘烨, 田富强. 2016. 基于社会水文耦合模型的干旱区节水农业水土政策比较. 清华大学学报: 自然科 学版, 56(4): 365-372.

毛汉英. 2018. 人地系统优化调控的理论方法研究. 地理学报, 73(4): 608-619.

秦大河, 姚檀栋, 丁永建, 等. 2017. 冰冻圈科学概论. 北京: 科学出版社.

史娟. 2007. 新疆绿洲城市体系研究. 新疆师范大学硕士学位论文.

苏勃, 效存德. 冰冻圈影响区恢复力研究和实践: 进展与展望. 气候变化研究进展, 2020, 16(5): 579-590.

吴增基, 吴鹏森, 苏振芳. 2003. 现代社会调查方法(第二版). 上海: 上海人民出版社.

效存德, 苏勃, 窦挺峰, 等. 2020. 极地系统变化及其影响与适应新认识. 气候变化研究进展, 16(2): 153-162.

效存德, 苏勃, 王晓明, 等. 2019. 冰冻圈功能及其服务衰退的级联风险. 科学通报, 64(19): 1975-1984.

效存德, 王晓明, 苏勃. 冰冻圈人文社会学的重要视角: 功能与服务[J]. 中国科学院院刊, 2020, 35(4): 504-513.

杨发相. 1990. 新疆绿洲型城镇的分布类型与兴衰. 干旱区地理, (2): 58-62.

杨毅. 2017. 北极地区人口与经济发展研究. 吉林大学博士学位论文.

叶成城. 2015. 重新审视地缘政治学: 社会科学方法论的视角. 世界经济与政治, (5): 100-160.

应雪, 吴通华, 苏勃, 等. 2019. 冰冻圈服务评估方法探讨. 冰川冻土, 41(5): 1271-1280.

郑度. 2009. 青藏高原研究范式与效应. 自然杂志, 31(5): 249-253.

ADB, World Bank. 2005. Pakistan 2005 earthquake preliminary damage and needs assessment. http://www. recoveryplatform.org/assets/publication/PDNA/CountryPDNAs/Pakistan_Earthquake_2005_Preliminary% 20Damage%20and%20Needs%20Assessment. pdf.[2018-8-9].

Arctic Council. 2016. Arctic Resilience Report. Stockholm: Stockholm Environment Institute and Stockholm

Resilience Centre. http: //www. arctic-council.org/arr. [2018-5-6].

Costanza R, d'Arge R, de Groot R, et al. 1997. The value of the world's ecosystem services and natural capital. Nature, 387(6630): 253-260.

Coumou D, Lehmann J, Beckmann J. 2015. The weakening summer circulation in the Northern Hemisphere mid-latitudes. Science, 348: 324-327.

Daily G C. 1997. Nature's Services: Societal Dependence on Natural Ecosystems. Washington DC: Island Press.

Di Baldassarre G, Viglione A, Carr G, et al. 2013. Socio-hydrology: conceptualising human-flood interactions. Hydrol Earth Syst Sci, 17, 3295-3303.

Ehrlich P, Ehrlich A, Holdren J. 1977. Ecoscience: Population, Resources, Environment. San Francisco, CA: Freeman.

Garschagen M, Hagenlocher M, Comes M, et al. 2016. World Risk Report 2016. Bündnis Entwicklung Hilft and UNU-EHS. http://weltrisikobericht.de/wp-content/uploads/2016/08/WorldRiskReport2016.pdf.[2018-10-20].

International Centre for Integrated Mountain Development. 2019. The Hindu Kush Himalaya Assessment-Mountains, Climate Change, Sustainability and People. Cham: Springer Nature Switzerland AG.

IPCC. 2013. Climate Change 2013: The Physical Science Basis. Cambridge: Cambridge University Press.

Jia D, Fang X, Zhang C. 2018. Coincidence of abandoned settlements and climate change in the Xinjiang oases zone during the last 2000 years. Journal of Geographical Sciences, 27(9): 1100-1110.

Kandasamy J, Sounthararajah D, Sivabalan P, et al. 2014. Socio-hydrologic drivers of the pendulum swing between agricultural development and environmental health: a case study from Murrumbidgee River basin, Australia. Hydrology and Earth System Sciences, 18(3), 1027-1041.

Lin H X, Huang J C, Fang C L, et al. 2019. A preliminary study on the theory and method of comprehensive regionalization of cryospheric services. Advances in Climate Change Research, (2): 115-123.

Liu D, Tian F, Lin M, et al. 2015. A conceptual socio-hydrological model of the co-evolution of humans and water: case study of the Tarim River basin, western China. Hydrology & Earth System Sciences, 19(2): 1035-1054.

Liu J, Hull V, Batistella M, et al. 2013. Framing sustainability in a telecoupled world. Ecology and Society, 18(2): 26.

Meadows D H, Meadows D L, Randers J, et al. 1972. The Limits to Growth. New York: Universe Books.

Odum H T. 1996. Environmental Accounting: Emergy and Environmental Decision Making. New York: Wiley.

Overeem I, Anderson R S, Wobus C W, et al. 2011. Sea ice loss enhances wave action at the Arctic coast. Geophysical Research Letters, 38(17): L17503.

Pistone K, Eisenman I, Ramanathan V. 2014. Observational determination of albedo decrease caused by vanishing Arctic sea ice. Proceedings of the National Academy of Sciences of the United States of America, 111: 3322-3326.

Qin D H, Ding Y J, Xiao C D, et al. 2018. Cryospheric science: research framework and disciplinary system. National Science Review, 5: 255-268.

Schellnhuber H J. 2009. Tipping elements in the Earth System. PNAS, 106: 20561-20563.

Schellnhuber H J, Rahmstorf S, Winkelmann R. 2016. Why the right climate target was agreed in Paris. Nat Clim Chang, 6: 649-653

Sivapalan M, Blöschl G. 2015. Time scale interactions and the coevolution of humans and water. Water Resources Research, 51(9): 6988-7022.

Steffen W, Rockström J, Richardson K, et al. 2018. Trajectories of the Earth System in the anthropocene. PNAS, 115(33): 8252-8259.

Su B, Xiao C D, Chen D L, et al. 2019. Cryosphere services and human well-being. Sustainability, 11(16): 4365.

TEEB. 2010. The Economics of Ecosystems and Biodiversity Ecological and Economic Foundations. Earthscan: London and Washington.

The Millennium Ecosystem Assessment. 2005. Ecosystems and Human Well-Being: Current State and Trends. Washington: Island Press.

The Millennium Ecosystem Assessment. 2005. Ecosystems and Human Well-Being: Synthesis. Washington: Island Press.

Westman W E. 1977. How much are nature's services worth? Science, 197(4307): 960-964.

Xiao C D, Wang S J, Qin D H. 2015. A preliminary study of cryosphere service function and value evaluation. Advances in Climate Change Research, 6(3): 181-187.

Xu L X, Yang D W, Wu T H, et al. 2019. An ecosystem services zoning framework for the permafrost regions of China. Advances in Climate Change Research, 10(2): 92-98.

Yang Y, Wu X J, Liu S W, et al. 2019. Valuating service loss of snow cover in Irtysh River Basin. Advances in Climate Change Research, 10(2): 109-114.